雀兒 Chelsea.chiang｜著

減脂力

21 天 有 感 快 瘦 計 劃

53道 懶人也不怕的

美味
**低卡
料理** × 超實用
**外食
攻略**

悦知文化

減重就是在有限的熱量中，
創造最大的滿足！

你在減肥時，也是設定一個目標，透過節食、或嚴格執行某飲食法、或咬牙拚命運動嗎？也許初期瘦得下來，卻沒有辦法這樣過一輩子，你需要的是改變你的生活模式，只要擁有正確的觀念，你會發現減肥也可以優雅、同時吃得飽又健康。

身為營養師，我一直都不是禁止別人吃某些食物的那一派，因為你會發現，沒吃飽、口慾沒被滿足，才是讓你瘦不下來的主因。而計算熱量、學習看標示和營養素的分配，這些過程都是為了讓你認識食物，以及學習食物與自己身體之間關係的工具而已。並不是要你一輩子都被數字約束，不需落入斤斤計較的精算數學，但也不是讓你放肆隨意亂吃，而是人體有自己的調節能力，學習傾聽身體的聲音、學習包容性心態，只要掌握大原則、了解吃進去的是什麼，減肥中沒有什麼是不能吃的，如果我們把短暫的人生光陰都花在想盡辦法與食物和數字對抗，實在很可惜。

觀念不正確，做法跟著錯，減肥就會沒效果。我很喜歡雀兒教大家在有限的熱量中，如何去創造最大的飽足感，教你聰明的選擇食物，並提供簡單又豐富的料理食譜，很適合想要增肌或減脂的初學者、想自己料理卻不知道可以煮什麼、或著正在嘗試減肥，更可能的是從未停止過減肥的你。

因為我患有多囊性卵巢症候群，為了避免過度發胖，我也一直在與自身體態對抗，所以我非常能體會每位女孩渴望變瘦、變美的心情。但是，當吃東西變成是一件壓抑的事情，減肥肯定無法持久。就如同雀兒所說的，減肥真的是一段身心靈的磨練，我遇過不少女孩在追求瘦的過程中，迷失了自己，甚至落入飲食失調的處境。

　　我們當然有權力讓自己變得更漂亮或身材更好，當然可以去追求更美好的自己，但千萬不要落入美的陷阱，美麗有太多形式，放下那些美的迷思，讓雀兒教你正確的心態，更有意識的去選擇食物，才能少走彎路瘦一輩子。

體態管理營養師・**Angela**

在愛自己的旅程中，
找出最適合自己的減脂方式

　　雀兒以親切平易近人的形象，呈現出健身應融入於生活方式中，無聊的飲食也可以兼顧營養素，變成美味又營養的一餐。更為不方便備餐的外食族，製作多種簡易搭配表，讓大家在外挑選外食時有參考依據。

　　雀兒在這幾年來，因飲食與健身的改變，由內而外散發出令女性嚮往的健康與自信美，推薦雀兒的好書給大家，希望大家都能在愛自己的旅程中，找到最合適、最自在的減脂方式！

人氣健身部落客・**May Liu**

GIVE UP
IS NEVER AN OPTION!

讓健康飲食成為習慣，
以不同角度體驗生活

為了維持平衡的生活和每天做出更好的決定，飲食健康非常重要。雀兒所做的事，讓我得到了很大的啟發，因為我可以按照她的食譜在家中做健康的料理。將健康飲食成為一種習慣，讓自己從不同的角度去體驗生活。

希望雀兒能夠不斷激發大家去創造更健康的生活方式，並尋找每個人的最佳版本！為了改變世界，我們必須先改變自己。換句話說，如果我們不能控制飲食，我們能控制什麼？最後，非常感謝雀兒所付出的努力，將她良好的健康觀念匯集成這本書與大家分享！我強烈推薦給所有人！

1/2強型男 · **費丹尼**

CONTENTS 目錄

Chapter 01　無壓力減脂的基本概念

Chapter 02　外食 & 自煮的聰明搭配法？

Chapter 03　開始實踐快樂減脂計劃吧！

減重，是一段
身心靈的磨練

　　希望這本書能夠很真實的傳達我的理念，雖然我無法手把手地帶著每一個你，但當大家手上拿著這本書時，就像我陪伴在你們身邊一樣，陪著你們走完減脂這段過程。並且讓大家都和我一樣，能夠自由且不受限的享受各種食物的美好。

　　從小我就是備受家人寵愛的孩子，被養得白白胖胖的。我媽曾經說過，其他孩子吃飯時間都跑來跑去無法靜下來，但我卻乖巧地拿著筷子

等吃飯，果然從小就是個吃貨。所以國小身高已達163的我，體重也跟著飆上72kg。男同學們超壞，幫我取了超多不好聽的綽號，像是「坦克」、「阿勇」等。

現在回想起來，我已經能笑著看待，但當時其實很受傷。我的表姐就是一個超級無敵漂亮的女生，擁有人人稱羨的模特兒身材，雙腿又細又長，大腿中間的縫隙很大，而我卻是緊緊貼在一起還會摩擦，所以我從小的夢想，就是有一天能夠充滿自信地穿上白色熱褲。

我曾向上帝許願，如果能讓我擁有一雙超細長的美腿，輕鬆穿上白色熱褲，要我做什麼都願意。所以我開始利用課餘時間研究各種瘦身的辦法。高中時，什麼方式都嘗試過，敲膽經、瑜伽、低碳水飲食、少吃多動、過七點後不吃東西、代餐、只吃水煮餐……等，太多的方法我都曾試過，雖然有瘦下來，但結果卻依然不變，只要一恢復正常飲食，立刻復胖！

直到我開始學習健身，真正理解熱量與營養素的分配及實行重訓後，打破以往對減重的所有迷思，原來，到凌晨12點進食還是可以瘦，一天的總攝取熱量才是關鍵；蛋白質、脂肪、碳水化合物攝取的比例才是重點。一開始，教練建議我增肌，增重了3.3公斤，配合一週訓練兩次、自主訓練一次，大約三個月後才開始減脂。從63.7公斤增肌到68公斤，再開始減重，花了不到半年的

2020年與母親合照

時間，減到60.7公斤。我一開始增肌減脂時，體重和現在差不多，但體態卻完全不同。為什麼可以不復胖，是因為我已了解食材的熱量與營養，也找到了能讓我滿足的食物是什麼。在這段期間，也意外發現自己對於料理創作的熱情與培養出聰明搭配外食的能力。

外面的飲食通常營養較不均衡、熱量又高，想要變瘦，就得靠聰明靈活的吃。如果這一餐多吃了一塊蛋糕，一般人可能會想，那接下來節食好了。節食要吃什麼？只吃蔬菜嗎？不需要讓自己這麼可憐，多加一塊雞胸肉也才100kcal。如果一包餅乾100kcal，一塊雞胸肉也是100kcal，你會選擇哪一個呢？如果有好好吃蛋白質，讓血糖穩定，就不會想亂吃東西，這些都是經驗累積下來的感受。

從此我走上飲食自由的路！而且越來越愛自己的身材，每一天都在進步中，不再為了減肥而患得患失，這源自於一件事情，就是「理解」。因為當你不理解一件事情的時候，你會徬徨、會恐懼，有一種不知道明天在哪裡的感覺。

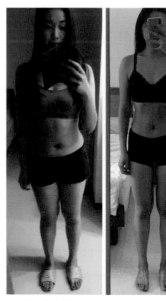

你看得出來圖中的我體重只相差 1kg 嗎？

　　大家應該都有過這樣的經驗，試過一種飲食法很痛苦，但告訴自己，撐過這三個月就好了，然後痛苦的三個月過去，你瘦了，但是開心的回復一般飲食後，因為壓抑太久，反而吃得更多，結果最後比一開始減肥時還胖。這是因為，無法持續一輩子的方式，終究會失敗，無痛苦的瘦身才能夠走得長久。

　　這是我的心得，現在的我，有時候和朋友聚餐或是旅遊時吃得比較多，也不再害怕。因為我知道只要在接下來的日子，減低一點熱量、多做一點有氧維持肌力訓練，隨著日子過去，這些熱量都會被消耗掉的，所以心安，就不會慌亂，靜下來，會知道一切都在掌握中，就能夠完全掌握自己的身材，不被情緒操控而又爆食亂吃。

Energy never die

能量永遠不滅　雀兒

愛自己，勇敢面對與接受每個階段的自己

chelsea.chiang   [發送訊息] [⦿✓] [▼] ⋯

2694 貼文　　**13.4 萬** 位追蹤者　　**559** 追蹤中

雀兒喜 🦋CHELSEACHIANG
eat healthy & be happy🍎 @chelseafit.ig
🎬Youtube🔍chelsea.chiang

目前身兼健康食譜創作家與健身房經營者；健身資歷 4 年，減重瘦身資歷 N 年。座右銘是：「健康是一輩子的事，每天都要吃得像皇后！」

每一個順境與逆境，都是愛自己的考驗。當你感到挫折或失敗時，也是另一種愛自己的「過程」，因為在這個「過程」中，時間會淬煉所有的一切。如果你願意停下來面對自己的悲傷，面對每一個最真實的自我時，才能真正的提升智慧。而有一天，當你跨越了這個障礙，再回頭看看過去的自己，你是微笑的。

愛自己是一段很長的旅程，有時
你會遇到挫折，會遇到很多不相
信自己的時候，也會有許多迷
惘的時刻。但並不是只有當你開
心、當你肯定自己做的事情、肯
定自己時，才是愛自己。

當你在面對逆境時，仍能肯定自
我，才是真正懂得如何愛自己。
你會理解個人的價值，也會感謝
每一個走過的歷程。因為這些歷
程，讓你更明白所有的事情。所
有的一切，我們都應該為自己而
做，並非為了其他任何一個人。

那些過程，造就了現在的你，知
道什麼讓自己喜悅、什麼是你想
要完成的。沒有一個人天生就懂
得如何愛自己，這是需要學習與
磨練的，更需要勇氣赤裸面對每
一個當下最真實的自己。期許每
個女孩，都能擁有面對自己好與
不好的勇氣，在減脂的磨練中，
不要輕易地放棄自己。

Chapter 01

無壓力減脂的基本概念

How to get rid of the fat ★

改變生活模式，
讓身體習慣新的飲食機制

> 接下來，想跟大家分享一些我親身體驗過的健康飲食與運動後，在長時間累積下，所領悟出的一些心得。

　　真正能夠讓人瘦下來的，並不是某種特定飲食法，而是徹底改變你的生活型態，某些飲食法也許可以有效地讓你暫時瘦下來，但卻無法讓你長期維持漂亮的身材。每個人都希望能健康地變瘦且不復胖，但卻經常盲目的聽從網路謠言，或執行從朋友口中聽到有效誇大的飲食法。想要以快速的方式得到自己想要的結果，卻造成反效果，陷入不斷復胖的惡夢循環。這是因為：「如果一件事情沒有辦法持續一輩子，一定會失敗。」

　　想改變身材不復胖，第一件事情是要學習改變目前的飲食方式，並加入肌力訓練，這並不是要實行短暫的魔鬼訓練，而是要真正以無痛苦、無壓力的方式改變生活習慣。人類的大腦很神奇，一旦將身體置入正確的知識後，只要不斷重複

這個行為，試著持續做到21天，大腦就會將這個行為習慣化，不需要他人的規範，也能輕鬆養成習慣。就像有一天，你發現喝水對皮膚有益，不喝水對身體會有不良影響，從此開始試著多喝水，身體自然而然就會想主動喝水。

而讓身體習慣均衡營養的飲食，也是相同道理。練習從生活中辨認出哪些是碳水、哪些是蛋白質、什麼是不好的脂肪，什麼都吃、什麼都不多吃。如果每次去早餐店都點巧克力吐司配奶茶，只要改成蛋餅配豆漿，就會產生改變；如果上班時習慣坐電梯，改成某幾層樓用爬樓梯，持續下去，一定會看到明顯變化。

減重時最忌諱的就是「壓力」。當你給自己壓力時，身體一定會反彈。有些人適合生酮飲食、有些人適合168間歇性斷食法，所有飲食法都離不開一個原則，就是「熱量赤字」，違反「熱量赤字」就一定會胖。我希望能帶給大家的是無痛苦飲食法，建立一個均衡健康的全民飲食法。首先，你一定要愛自己的身體、善待自己的身體，如果有時嘴饞想吃蛋糕就吃，下一餐的碳水再減量就好了。改變腦袋，身材自然而然就會改變。大家可以觀察體態苗條的人的飲食習慣，通常他們飽了就會停下，不會在不餓的狀態下吃東西。

所以想達到目標的理想體態，並不是要很嚴格的執行某種飲食法，而是必須改變你的生活模式。

　　先問自己：

☐ 每天攝取的纖維量是否足夠？

☐ 每一天喝的水是否足夠？

☐ 每一天的睡眠是否足夠？

☐ 每一天有吃下適量的蛋白質、碳水還有脂肪嗎？

☐ 每一天是否吃了高過基礎代謝但低於熱量赤字？

☐ 是否選擇高品質的原型食物避免精緻飲食？

☐ 每一週是否有規律的運動？

☐ 而你在做這些事情的時候，是否能從中找到樂趣？

Check!

　　因為一件你做了不開心的事情，絕對無法長久持續下去，到最後，一定會經不起考驗而放棄！

認識六大營養素
與熱量

　　一開始，可以先從認識六大營養素與食物的營養和熱量開始，就可以變化出各種多變又美味的料理，這也是我想跟大家分享的快樂飲食法。其實，我在減脂期間都吃的很豐盛，卻一樣可以維持身材，而且已經三、四年沒有復胖了。我的每一天並不是很奮力地在為了什麼目標而努力，只是單純地發揮自己的創意，在有限的熱量和營養裡，創造最大的滿足感。這讓減脂的過程，變成了一件很好玩的事。因為可以吃的食物非常多，只要掌握住基本原則，就不用擔心瘦不下來和復胖！

　　目前因為環境受到嚴重汙染，食物的營養與從前相比差了非常多，所以需開始注意是否要額外攝取某些營養補充品。其中最重要的，還是睡眠、水分攝取以及一日三餐到底吃了些什麼？每週做了哪些運動？這些都是不可忽略的關鍵點。而當你慢慢學習、慢慢改變你的生活模式，會發現體重自然而然地減少了！人也變得更漂亮、氣色更好，但在過程中，完全感受不到任何痛苦或壓力。接著，也會發現再也回不去以前暴飲暴食的生活，因為身體與大腦完全改變，你的生命也跟著完全改變。

減重期的熱量與營養素分配

世上萬物的運作都需要能量，所以，身體的四肢能動、心臟能跳、大腦能思考、能生長發育、能繁衍後代，全都是因為攝取了足夠的熱量。我們可以從日常飲食中，攝取到三大營養素（醣類、脂質、蛋白質），經過重重的化學反應後，最後產生能量及熱量，提供身體使用。

以下，先簡單的介紹六大營養素與熱量的分配。

	主要功能	常見食物	熱量
蛋白質	建造修復組織細胞的主要材料。提供能量、提供必需胺基酸、完成身體的生理功用。	蛋、奶、肉類、魚類、家禽類。	4kcal／g
碳化水合物	供給能量,節省消耗蛋白質。幫助脂肪代謝,調節生理機能。	米飯、麵食、馬鈴薯、地瓜等五穀根莖類,少量來自奶類的乳糖水果及蔬菜中的果糖及其他糖類。	4kcal／g
脂肪	供給能量,幫助脂溶性維生素的吸收與利用。增加食物美味及飽足感,形成體脂肪保護內臟器官。	植物性油脂:堅果、大豆油、玉米油、橄欖油或牛油、豬油等動物性油脂。	9kcal／g
維生素 & 礦物質	調節身體機能,促進新陳代謝,維持健康。小兵立大功,非常重要,但人體無法自行合成。	各種食物中含有不同的維生素和礦物質,所以飲食需要多元化,或是透過營養補充品輔助。	0kcal
水	人體有 70% 是由水組成,為生長與身體修護之用,促進食物消化和吸收作用,維持正常循環及排泄、調節體溫。還能滋潤各組織的表面,減少器官間的摩擦。並幫助體內電解質維持平衡。	最少每公斤要攝取30 ～ 50c.c 的水,才能幫助排出體內廢物,有助於減重。	0kcal

總熱量消耗 TDEE（ Total Daily Energy Expenditure ）

身體一整天所消耗掉的熱量。也就是如果想要維持你目前的體重，必須讓每天所需的熱量 = TDEE。

$$TDEE = BMR + TEA + TEF$$
$$總熱量消耗 = 基礎代謝＋運動消耗＋產熱消耗$$

運動消耗 TEA（Thermic Effect of Activity）

身體在活動時所消耗掉的體力。一整天都坐著工作的人，消耗的自然少（占 TDEE 的15 ％），有在運動的人，就消耗得多（占 TDEE 的 30%）。

飲食消耗 TEF（Thermic Effect of Food）

身體在消化食物的過程中，所消耗掉的熱量。人體在進食後，身體需要將食物中的營養素消化轉化成能量。

基礎代謝率 BMR（Basal Metabolic Rate）

基礎代謝率是指在自然溫度環境中，恆溫動物的身體在非劇烈活動的狀態下，處於非消化狀態，維持生命所需消耗的最低能量。這些能量主要用於保持各器官的機能，如呼吸、心跳、腺體分泌、過濾排泄、解毒、肌肉活動等。基礎代謝率會隨著年齡增加或體重減輕而降低，但會隨著肌肉增加而提高。

　　基礎代謝率占了總熱量消耗的一大部分，大約65～75% 左右。 會影響到基礎代謝率高低的原因有很多，像是總體重、肌肉量、賀爾蒙、年齡等。

男性 BMR

（13.7×體重公斤）＋（5.0×身高公分）－（6.8×年齡）＋66

女性 BMR

（9.6×體重公斤）＋（1.8×身高公分）－（4.7×年齡）＋655

．．．．．．．．．．．．．．．．．．．．．．．．．．．．．．．．

減重者的熱量建議 ➡ TDEE 減 300～500卡

增重者的熱量建議 ➡ TDEE 加 300～500卡

※ 可視個人狀況再微調，但攝取總熱量不要低於基礎代謝。

活動量參考值

活動量	活動量描述	TDEE 計算方法
久坐	沒有運動	TDEE = 1.2×BMR
輕量活動	每週運動 1～3 天	TDEE = 1.375×BMR
中度活動量	每週運動 3～5 天	TDEE = 1.55×BMR
高度活動量	每週運動 6～7 天	TDEE = 1.725×BMR
非常高度活動量	無時無刻都在運動	TDEE = 1.9×BMR

一天該攝取多少
蛋白質？

首先，要測量自己的體重是多少。先將體重轉換成公斤，然後再依據活動量將體重乘以平均數值。得出的數值即為一天所需的蛋白質。

> 低活動量：體重 ×0.8（久坐不動）
>
> 中活動量：體重 ×1.3（基本運動量、勞力性質工作、懷孕者）
>
> 高活動量：體重 ×1.8-2.2（高強度體能活動）

幾件攝取蛋白質你該知道的事：

░ 「均衡」攝取蛋白質

很多人常常習慣在一餐吃大量的蛋白，但其實應該是要在一天之中平均地攝取蛋白才對。理想狀況是要分散在三餐和點心中。均衡攝取足夠的蛋白質能夠控制飢餓激素、延長飽足感，所以當我們在一天內從「早餐」開始，每隔一段時間就攝取蛋白，就能防止因不滿足而嘴饞吃進多餘的零食，形成有效的體重管理。

◻ 不要「只有」吃蛋白質

「什麼都吃，什麼都不要多吃」是我的哲學，也是快樂飲食的關鍵，太多未必是好的，這個道理我想大家都聽膩了，但還是要強調，凡事都要取得中庸、均衡，蛋白質也是。

在日常飲食中，包括三種巨量營養素（Macronutrients），對整體身體機能相當重要，而蛋白質只占其中之一（另兩項為脂肪及碳水化合物）。這意味著，如果只顧著吃蛋白質而忽略了其他種類營養素，可能會產生急性或慢性健康問題。例如，缺乏碳水化合物會導致疲憊、暈眩和低血糖。

建議大家一天蛋白質攝取的黃金比例為：**40% 碳水、30% 脂肪、30% 蛋白質**，或**45% 碳水、25% 脂肪、30% 蛋白質**，脂肪攝取最好不低於總熱量的20%。

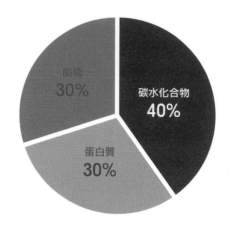

維持不同體態狀況的營養素分配建議

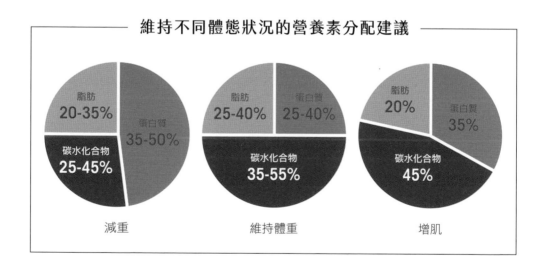

減重　　　　　　　維持體重　　　　　　增肌

Point

不建議脂肪過低，也不建議長期低碳水的飲食，均衡飲食是最重要也才是最能有效持久的，任何事情無法持久都容易半途而廢。

★

除了數字，
食物的品質同樣重要！

★

從熱量與三大營養素的角度比一比

從右圖的比較表可看出，麵包的碳水比地瓜低、蛋白質比地瓜高，但不代表它是較好的選擇。除了看熱量之外，也不要忽略人工添加物與食品的品質和營養素。麵包當中有許多人工添加物，而地瓜的原料就單純只有地瓜，並富含蛋白質、醣類、膳食纖維、類胡蘿蔔素、維生素 A、B、C 群等，營養價值是麵包遠遠比不上的。選擇越接近原型食物的食材，越能完整地攝取到營養。

80g 麵包

310kcal		
蛋白質	7.7g	勝
脂　肪	16.4g	
碳　水	33.1g	勝

274g 地瓜

310kcal		
蛋白質	4.9g	
脂　肪	0.5g	勝
碳　水	70g	

你知道自己吃進的
是什麼嗎？

　　選對食物就能吃飽又健康！「不敢相信都是1200kcal，分量卻差這麼多！」雀兒教你如何在有限的熱量中，創造出最大的飽足感。相信有許多減重的讀者們都很想念雞排與珍奶，我自己則是超久沒有吃過雞排跟珍奶了，仔細算一算，才知道原來我一整天的飲食不含點心，熱量竟然跟一杯珍珠奶茶加一塊炸雞差不多！

　　這證明了一件事：聰明的選擇食材與烹飪方式，真的可以吃得很飽又健康！

　　很多粉絲常私訊告訴我，工作很忙真的很難空出時間去準備食物，所以只能選擇吃外食，我能理解大家的不便，但還是想告訴大家，在時間有限的情況之下，只要有心，其實還是可以準備健康好吃的料理的！

選對食物就能
吃飽又健康！

雀兒的滿滿三餐

這樣只有一餐

珍珠奶茶＋炸雞排
1263kcal

水果果昔＋原始人餐盤＋自製墨西哥捲餅
1191kcal

The moment you accept yourself
You become truly beautiful ：)

外食 & 自煮的
聰明搭配法

Watching what you eat,

keep healthy and stay fit. ★

★

你是外食者還是
手作料理愛好者？

★

> ❝ 以我個人的飲食習慣，平時雀兒都滿習
> 慣前一天備好便當與三餐的，即使只是
> 吃簡單的原始人餐盤，也可以很滿足。❞

　　想有點變化時，則可以參考我的手作食譜，相信能幫大家帶來一些料理上的靈感。如果是工作忙碌的上班族，可能回到家就累癱在床上，能料理的時間少之又少，雀兒也有貼心地寫下外食族該注意的飲食祕訣，不論是買便利商店、自助餐還是速食店，都有更聰明、健康的吃法。

習慣外食的人，三步驟看懂營養標示

⧱ 步驟1：確認份數

　　一整包的量也許會超過一份的量，一份大多是指多數人一次吃的量。所以如果吃了一整包，就要先確認一整包共含幾份。

▨ 步驟2：留意熱量

每份的熱量乘以份數，才是你真正吃進去的總熱量。

▨ 步驟3：聰明選擇

身體所需的營養素來自各種食物或加工品，而各類食物提供的營養素也不同，可依自己需求挑選最適合自己的食物。

Point

建議大家可以用手機下載衛服部的營養成分 APP，營養素的標示非常清楚，是查詢各類食材營養成分與熱量的好幫手。

小吃篇

台灣一般路邊的小吃攤，最常看到的就是乾麵、滷肉飯類，點餐時可以注意，請老闆不要另外加油或是給太多的醬，或可點一盤燙青菜不淋醬；如果想補充蛋

白質，嘴邊肉或燙豬肉片也是很棒的選擇！此外如滷豆腐、滷蛋也很適合，這樣子搭配會是比較均衡的一餐。

自助餐篇

去自助餐用餐時，基本原則也是相同。大家可以選擇一間比較不油的自助餐餐廳，再來則是挑選配菜的技巧，攜帶環保餐盒去裝三樣比較不油的綠色蔬菜，而肉類選擇，像是白斬雞或一些白肉類的食材都可以安心食用，以蛋白質為主的一餐，就會非常的飽足均衡。記得要避免調味過重或勾芡的菜色。

超商篇

超商的部分，其中御飯糰是很好的選擇，可以把它當成碳水，而即食雞胸肉、茶葉蛋、豆腐還有無糖豆漿，也是很棒的蛋白質。如果是沒有時間自己準備食物的人，超商的食物都有熱量標示，非常方便。但有個缺點，就是鈉含量普遍過高，所以要注意鈉含量的多寡；而纖維質的部分，大家可以用水果或沙拉做補充，但沙拉醬料要多留意，一不小心就會攝取太多的熱量！如果是一份主食的話（例如便當或義大利麵），記得翻到背面看看營養標示，看熱量、碳水化合物、脂肪還有蛋白質的含量，除了數字之外，也要避免炸物，建議大家盡量少吃炸物。最好選擇以烤、蒸、煮等調理方式的食物。還有太多醬料的食物也是地雷，例如咖哩飯、麻辣燙等，都不太適合，鈉含量過高容易造成身體水腫喔！

連鎖速食餐廳篇

速食餐廳包含麥當勞、摩斯、肯德基、Subway 等。以早午餐來說，大家可以選擇白肉，例如以雞肉搭配麵包，薯條替換成沙拉，或是直接捨棄。蛋的部分，荷包蛋會比炒蛋好，怕因為炒蛋的過程中，常添加過多的油；飲料部分可以選擇無糖紅茶或綠茶，如果想喝拿鐵和鮮奶茶也沒問題，但記得不要加糖。雀兒在 Instagram 上，也常與大家分享連鎖餐飲店的選擇，大家不妨參考看看。

　　而日本料理店，首推熱量較低的魚類丼飯，例如：鮪魚、旗魚、鯛魚、鯖魚，其中鮭魚的部分，建議大家適量吃，因為鮭魚油脂高，熱量也相對高；親子丼則要先確認雞肉是否炸過。記得選擇原型食物會比加工食物好，也可以減少飯類的攝取。

　　到速食店用餐較容易攝取不到蔬菜，缺乏纖維質，這個部分比較可惜，但大家可以在其他餐補充纖維質。Subway 的部分，我個人喜歡吃香嫩雞柳或香烤雞肉，很有飽足感。如果是食量大的人也可選擇肉量加倍，蔬菜則全部都可以加，但建議捨棄醃漬品。推薦醬料則是甜蔥醬、黃芥末醬，或不加醬也很好。麥當勞的板烤雞腿堡，也是雀兒推薦的選項，最重要的就是副餐，副餐才是會讓你變胖的主因。副餐千萬不要選擇薯條，可換成生菜沙拉，搭配零卡可樂或無糖紅茶。但不論是哪一家速食餐廳，餐點的鈉含量都比較高，所以大家吃完後一定要記得多喝水。

習慣動手做料理的人

如果是習慣自己在家料理的人，需要的必備工具就是一台料理秤。主要是因為必須精準的計算熱量，食材的分量拿捏非常重要。許多食材是無法用肉眼判斷多寡的，當你多試幾次以料理秤計算食材重量後，時間久了，就會慢慢抓到感覺。

雀兒購買食材的好地方

平常雀兒最常去購買食材的地方是全聯、頂好、家樂福或 Costco 這些很方便的超市，比較少有機會在傳統市場購買。

我平常選擇購買食材地點，通常都是依照距離或是看當日行程安排而定，每間超商超市都有不一樣的特色，如果需要買少量的菜，我就會去家樂福、全聯、頂好和 Jason's；如果要一次購買比較大量的話，就會去好市多。有機莓果我習慣

在好市多購買，夏天的時候也會購入希臘優格和有機花椰菜，通常會比較划算！還如果你不喜歡一次囤積太多相同食材的話，可以考慮去全聯少量購買，比較容易保存。像我自己想吃鮭魚時，就會到全聯購買兩盒，然後大約到了第三天，再更換不一樣的主食材。

另外，分享全聯的味滋康芝麻醬還有是拉差辣椒醬，這兩款醬料都在我的料理中出鏡率超高。而一般的粉狀調味料我都是用 iHerb 的香料鹽，基本調味就是米酒、醬油和鹽、黑胡椒、辣椒粉，其實這些簡單的調味料就非常好用，因為越多的醬料就會有越多的卡路里。大家也可以去看看我的 YouTube 或 IG，不定時會分享我在 iHerb 買到的好物。

減脂期的優良美味食材

░ 蛋白質類

減脂期的蛋白質選擇，有雞胸肉、鯛魚片、鮭魚、豬肉或牛肉，而鮭魚雖然油脂較高，但因為富含 Omega-3，所以也需要攝取，但盡量控制分量不要過多。板

豆腐、雞蛋、鮪魚罐頭，也是優良的蛋白質。推薦大家購買三興的鮪魚罐，因為它是一整塊完整的肉，是我從減肥期一直吃到現在的好物。好市多的即食雞胸肉非常方便，好吃又快速！除了雞胸肉外，冷凍蝦仁或鱸魚也可列入選擇。素食者的話，可以參考義美的板豆腐，碳水化合物比較低。另外，雞蛋也是一個非常好的蛋白質來源。

▨ 蔬菜類

我個人習慣使用有機蔬菜。綠色葉菜類都非常棒，大家可以選擇以烹調後比較不會縮水或變得軟爛的蔬菜，例如花椰菜。而南瓜、山藥等，屬於五穀根莖類不是蔬菜類，要記住是澱粉喔！

▨ 主食類

主食的部分首推原型食物，像是地瓜、南瓜、山藥都是很棒的選擇。義大利麵屬於低 GI 的食材，好市多的墨西哥餅皮熱量也很低，一片才 100 多卡，可以變化出許多創意口味，只要稍微更換不同主食，再選對碳水化合物和蔬菜、蛋白質，就能創作出很多美味的料理！減脂期不是只能吃水煮雞胸肉喔！

雀兒減脂期愛用食材推薦

▨ 鯛魚

低脂肪的白肉魚，建議大家在購入後兩天內烹煮完成，在最新鮮的時候享用，只要加入一點海鹽就很美味。

▨ 鮭魚

有豐富的 Omega-3 和不飽和脂肪酸，能活
化腦細胞及強化骨骼，是非常棒的營養食
材。挑選時，要選擇色澤呈現橘紅色，表皮
光滑且具有光澤，摸起來結實有彈性的肉質
為佳。但因為鮭魚脂肪含量較高，所以大家
選擇時盡量分量減半。

▨ 雞胸肉

不論減脂或增肌都很適合，因為熱量和碳水
量都很低，幾乎都是蛋白質，唯一要注意的
訣竅就是不要煮得過老。

▨ 豬里肌

如果吃膩了雞肉類，可以換換口味選擇豬里
肌，這是豬肉中脂肪比較少的部位，撒上一
點迷迭香調味，就很美味。

▨ 蔬菜類

小松菜或青江菜，選擇有機蔬菜比較
安心；鴻喜菇則是高纖維、高飽足感
的蔬菜類。

▨ 水果類

大多數的水果糖分都很高，因此，我在料理時都會斟酌使用，避免讓血糖上升太快。我最喜歡的水果是莓果類，建議盡量選擇有機的，避免多餘農藥殘留。莓果類熱量相當低，且富含花青素與纖維質。香蕉、鳳梨熱量較高，偶爾想解饞的時候可以吃一點，當成甜點。酪梨富含相當好的油脂，是適合素食者的油脂來源，但因為熱量也較高，使用時可以60g為基準。

▨ 南瓜

是熱量非常低的碳水化合物，含有豐富的維生素 A，對眼睛有益。

▨ 藍莓

藍莓富含的植化物，包括了花青素、類黃酮、葉黃素及其他酚類化合物，對身體非常有益。

▨ 低脂起司 & 鮪魚罐頭

想吃起司的時候可選擇快樂牛低脂起
司，一片才34kcal，取得相當方便。
三星水煮鮪魚罐頭，整體熱量和油脂
量會比油漬鮪魚罐頭少很多。

▨ 墨西哥餅皮

餅皮一片熱量才110 ～ 120kcal，裡面可以
夾入豐富的蛋白質與蔬菜，碳水不會過多，
可享受營養均衡又具飽足感的一餐。

▨ 低脂奶油乳酪

選擇低脂肪的奶油乳酪，可以抹在麵
包上增加食物的風味，減脂的人只要
適量攝取，就不會有問題。

▨ 鷹嘴豆

素食的人很適合選擇罐裝豆類來增加蛋白質
與營養，也相當適合做成沙拉。

░ 調味料

卡宴辣椒粉：

對心臟非常好，可提升代謝。

巴西里：

是西洋界的香菜，香氣十分濃郁，非常適
合用來料理義大利麵或拌沙拉時使用。

薑黃粉：

是很好的抗氧化調味料。這些調味料的共
同特點，是對身體有益且幾乎沒有熱量。

黑胡椒與辣椒粉：

是雀兒的每一道料理都會使用到的調味
料，黑胡椒與辣椒粉都能促進代謝，與
各種料理都好搭配，熱量也相當低。

0卡甜菊液：

甜菊是天然的代糖，可加入咖啡或是
醬料中，想增加甜味但不會增加負擔
和多餘的卡路里，讓料理變得更美味。

味滋康胡麻醬：

是我在市面上比較過許多品牌後熱量
最低的一款。記得使用調味料時不要
放太多，避免攝取過多鈉含量。如果
鈉含量偏高，就要多喝水來避免水腫。

雪蓮果糖漿：

是低 GI 的糖漿，可用來取代蜂蜜、楓糖，可以15g 為基準。雪蓮果糖漿僅有普通糖1/3的熱量，並含大量的低聚果糖，是減重時相當好用的調味料。

椰子油：

可替料理增加一點椰香味，適當的油脂可以幫助維生素的吸收。選擇時，記得要選冷壓初榨椰子油為佳。

▨ 堅果

如果是在減脂的人，可將堅果當成下午茶零食來使用，但因堅果熱量較高，食用時要特別注意攝取量，小心不要一次吃太多。

▨ 藜麥

藜麥或糙米都是不錯的碳水化合物。藜麥含豐富的胺基酸，有非常多的營養，但只要適量攝取就好，多吃無益。

▨ 杏仁

建議大家挑選沒有烘烤過的生杏仁，並尋找有機或品質認證過的，食用起來比較安心。杏仁是堅果中熱量比較低的，具有豐富的纖維質與維生素 E。

▨ 奇亞籽

可做出許多多元化的料理，有豐富的纖維質與 Omega-3，可以加在甜點或果昔中，增加飽足感。

▨ 螺旋藻粉

維生素含量非常豐富，是很棒的超級食物，蛋白質含量非常高，早餐時加一點在果昔中，可促進腸胃吸收。

巴西莓粉

富含花青素和維生素 E，有超強的抗氧化力，以及含人體必需的胺基酸。不含糖，有漂亮的莓果色，所以我常用來加在果昔當中，增添色澤。

PB2花生醬

健身的人或飲食控制的人常使用的花生醬，這款花生醬去除了85%的油脂，只要加水混合就可以還原成花生醬。

即溶咖啡粉

我自己是咖啡控，咖啡裡都會加入杏仁奶。使用即容咖啡粉的好處，是可以依自己喜好調整咖啡濃淡。

燕麥

燕麥打成粉末狀可以取代麵粉。是原型食物也是高碳水化合物，可以做成燕麥粥，也可做成隔夜燕麥，記得適量攝取就好。

★ ★ ★

雀兒一天吃什麼

認識雀兒的人，都知道我一天的喝水量非常大。基本上，人體有 70％是水做的，所以水分對人體來說非常重要！減重的時候，因為游離脂肪酸還有身體廢物的增加，也更需要水分將身體這些廢物代謝掉。喝足量的水能幫助減脂，記得每一天至少都要喝到體重乘 40～50ml 的水！

一天的開始，我會先喝一杯營養蛋白飲，接著安排我最喜歡的杏仁奶咖啡，市面上的拿鐵動不動熱量就超過200kcal，所以我會到好市多或是家樂福買杏仁奶，300ml 的熱量差不多落在30到60kcal，然後加入 iHerb 買的有機即溶咖啡粉，再加幾滴0卡甜菊液，增添風味。

這樣子做出來的拿鐵，熱量不到100kcal！可以為一整天省下超級多熱量。

The end goal isn't
gain or lose how much weight
The end goal is to create a
healthy happy positive lifestyle!

YouTube 一日飲食

到了中午，如果是自己煮的話，我習慣以原型食物為主。多數時候會攝取白肉，像是魚肉、雞肉，有時會改吃鮭魚、鯖魚等富含 Omega-3 油脂的蛋白質，再配上大量的蔬菜。

我最喜歡吃的是可以增加飽足感的花椰菜，以及各種有機蔬菜。碳水的部分，以原型食物優先，可選擇地瓜、白米、南瓜、義大利麵、墨西哥捲餅或麵包等。不會特別限制自己不能吃什麼，但是什麼都不會吃過量，

下午茶時間會安排點心，熱量大約是 200kcal 左右。如蛋白質較高的，例如：蛋白質點心、蛋白質棒或蛋白質穀片加香蕉。睡前如果還有飢餓感，可以再喝一杯營養蛋白飲或是膠原蛋白飲。

21 天自煮 × 外食搭配計劃

外食7天 第一週

	day1	day2	day3
早餐	超商溫泉玉子蛋＋ 嘉義雞肉飯御飯糰＋ 無糖黑豆漿 熱量 447kcal	超商凱薩風味雞肉 起司堡＋中冰拿鐵 熱量 497kcal	星巴克田園雞肉 帕里尼＋冰美式 熱量 511kcal
午餐	Subway 香烤雞肉 6 吋 （不加醬料） 熱量 291kcal	水煮雞胸便當 （三樣不油蔬菜、飯少） 熱量 500kcal	超商野菜沙拉＋ 陽光無糖豆漿＋ 溏心蛋飯糰 熱量 459kcal
下午 點心	超商宗家府泡菜冬粉 熱量 165kcal	100g 小番茄 熱量 18kcal	超商和風海藻沙拉 熱量 32kcal
晚餐	超商繽紛鮮蔬 烤雞沙拉便當＋ 無糖高纖豆漿 熱量 555kcal	摩斯薑燒珍珠堡＋ 新夏威夷沙拉 熱量 443kcal	超商明太子鮭魚飯團 ＋智利鮭魚味噌湯 熱量 462kcal
總熱量	1458kcal	1458kcal	1464kcal
運動	臀		背

如何使用本表？

基本設定1500 kcal，可依照自己的需求增減，請參照 TDEE 公式推算出自己的增肌或減脂所需每日攝取熱量。以下是三週的飲食搭配，皆可自行混搭，有時外食、有時自煮，只要三餐加起來的總熱量符合自己目標的熱量設定即可。

（備註：熱量為參考，請以實際購買物品營養標示為主。）

day4	day5	day6	day7
超商冰烤地瓜＋溫泉玉子蛋 熱量 304kcal	超商鮮蔬烤雞三明治＋無糖高纖豆漿 熱量 475kcal	路易莎 腿排佛卡夏＋澳洲小拿鐵 熱量 425kcal	弘爺早餐里肌蛋餅＋益菌豆漿 熱量 363kcal
水煮雞胸便當便當（三樣不油蔬菜、飯少）熱量 500kcal	Subway 嫩切雞柳 6 吋（不加醬料）熱量 284kcal	超商紅燒牛肉麵＋無糖綠茶 熱量 476kcal	滷雞腿便當（三樣不油蔬菜、飯少）熱量 500kcal
一顆手掌大蘋果（約 115g）熱量 52kcal	超商野菜沙拉 熱量 89kcal	一根香蕉（約 100g）熱量 90kcal	超商溫泉玉子蛋 熱量 106kcal
超商滷味什蔬＋超商泡菜燒肉御飯糰 熱量 488kcal	麥當勞義式烤雞沙拉＋漢堡 熱量 515kcal	麥當勞雙層牛肉吉士堡＋無糖綠茶 熱量 465kcal	超商義式嫩雞花椰菜飯＋鹽麴雞腿溫沙拉 熱量 472kcal
1344kcal	**1363kcal**	**1456kcal**	**1441kcal**
	核心		

外食7天 第二週

	day1	day2	day3	
早餐	超商明太子御飯糰＋無糖高纖豆漿 熱量 374kcal	100g 地瓜＋2 顆茶葉蛋 熱量 297kcal	超商凱薩風味雞肉起司堡＋美式咖啡 熱量 347kcal	
午餐	吉野家牛雞雙寶丼 熱量 679kcal	超商繽紛鮮蔬烤雞便當＋無糖高纖豆漿 熱量 536kcal	麥當勞嫩煎雞腿堡＋無糖綠茶 熱量 363kcal	
下午點心	100g 小番茄 熱量 18kcal	一顆手掌大蘋果（約 115g） 熱量 52kcal	無糖優格 熱量 121kcal	
晚餐	Subway 香烤雞肉6 吋不加醬 熱量 291kcal	超商松露烤雞義大利麵 熱量 510kcal	超商帕瑪森肉醬義大利麵 熱量 561kcal	
總熱量	**1362kcal**	**1395kcal**	**1392kcal**	
運動	臀		核心	

day4	day5	day6	day7
超商蛋沙拉三明治＋中冰拿鐵咖啡 熱量 433kcal	超商溏心筍飯糰＋無糖高纖豆漿 熱量 361kcal	星巴克香料烤雞三明治＋美式咖啡 熱量 329kcal	麥當勞豬肉滿福堡加蛋＋美式咖啡 熱量 442kcal
Subway 嫩切雞柳 6 吋 （不加醬料） 熱量 284kcal	星巴克煙燻牛肉三明治＋燕麥奶咖啡密斯朵中杯 熱量 367kcal	超商經典奮起湖便當 熱量 583kcal	Subway 鮪魚 6 吋潛艇堡 （不加醬料） 熱量 345kcal
超商和風海藻沙拉 熱量 32kcal	1 顆茶葉蛋 熱量 77kcal	一顆手掌大蘋果 （約 115g） 熱量 52kcal	一根香蕉 （約 100g） 熱量 90kcal
超商鹽烤燒肉雙拼握便當＋無糖優格 熱量 594kcal	吉野家小雞丼 熱量 567kcal	超商義式香草雞胸＋滷味什蔬 熱量 441kcal	麥當勞雙層牛肉吉士堡＋零卡可樂 熱量 465kcal
1343kcal	**1372kcal**	**1405kcal**	**1342kcal**

臀

自煮搭配7天

	day1	day2	day3	
早餐	雀兒招牌肉鬆 厚蛋三明治 熱量 423kcal → P.104	鮪魚沙拉 水煮蛋三明治 熱量 335kcal → P.101	蔬菜起司厚蛋餅 熱量 368kcal → P.097	
午餐	起司雞胸 酪梨地瓜船 熱量 519kcal → P.109	酪梨 低脂雞肉漢堡 （1人份） 熱量 533kcal → P.119	濃郁酪梨 義大利麵 熱量 546kcal → P.125	
下午 點心	熱帶芒果 奇亞籽布丁 熱量 120kcal → P.089	香蕉可可 奇亞籽布丁 熱量 158kcal → P.090		
晚餐	番茄莎莎雞胸 義大利麵 熱量 450kcal → P.121	鮭魚藜麥便當 熱量 534kcal → P.129	蛋白質佛陀碗 熱量 615kcal → P.150	
總熱量	**1512kcal**	**1560kcal**	**1529kcal**	
運動	臀 [QR code]		背 [QR code]	

day4	day5	day6	day7
高蛋白 芋泥鬆餅 熱量 476kcal → P.092	綠色排毒 高纖果昔 熱量 226kcal → P.059	濃郁巧克力 香蕉果昔 熱量 426kcal → P.063	滋養酪梨 果昔碗 熱量 435kcal → P.067
蝦仁毛豆 藜麥蛋炒飯 熱量 513kcal → P.148	味噌雞胸肉 藜麥飯便當 熱量 528kcal → P.141	鮭魚菇菇 義大利麵 熱量 564kcal → P.136	鮪魚沙拉 筆管麵 熱量 587kcal → P.123
	美白 C 蔓越莓 優格果昔 熱量 302kcal → P.077	漸層 杏仁奶咖啡 熱量 42kcal → P.072	
蔥燒鯛魚 鮮蔬蛋炒飯便當 熱量 594kcal → P.135	辣味雞胸 薑黃起司筆管麵 熱量 528kcal → P.138	低脂健康奶香 蝦仁義大利麵 熱量 538kcal → P.156	藜麥青檸雞腿 米漢堡 熱量 484kcal → P.145
1583kcal	1584kcal	1570kcal	1506kcal
	核心		

開始實踐快樂
減脂計劃吧！

Think about what you really want .

Just do it just keep going !

規劃專屬於自己的
早、午、晚餐，不需要花太多時間，
沒有太複雜的作法，
天天都能吃得豐盛又幸福的減脂餐。

熱量	碳水化合物	脂肪	蛋白質
361kcal	**62**g	4g	**26**g

抗氧化繽紛莓果果昔

▨ 材料

有機綜合莓果…100g

香蕉半根…60g

桃子 1 粒…100g

高蛋白粉…30g

馬卡粉…10g

有機奇亞籽…10g

穀片…20g

水…400ml

0 卡甜菊液…1 ～ 3 滴

藍莓…少許

▨ 作法

1 果汁機中先加入400ml水，依序放入有機綜合莓果、香蕉、桃子、高蛋白粉、馬卡粉與有機奇亞籽。

2 將作法 **1** 滴入1～3滴0卡甜菊液，以果汁機攪打均勻即可。

3 作法 **2** 倒入碗中，將剩下半粒桃子切片，於果昔碗鋪上桃子片、撒上穀片與幾顆藍莓點綴，即完成。

Note 雀兒料理筆記

打完的果昔因為富含維生素和礦物質，最好盡快於 15 分鐘內喝完，不然穀片會變得太軟，營養也會氧化並加速流失。

熱量	碳水化合物	脂肪	蛋白質
226 kcal	20 g	3 g	30 g

綠色排毒高纖果昔

▨ 材料

小黃瓜半根…50g

有機小松菜…50g

鳳梨…50g

奇異果半顆…35g

高蛋白粉…30g（香草口味為佳）

螺旋藻粉…10g

有機奇亞籽…10g

水…400ml

0 卡甜菊液…1 ～ 3 滴

穀片、藍莓…少許

▨ 作法

1 果汁機中先加入 400ml 水，依序放入小黃瓜、小松菜、鳳梨、奇異果、高蛋白粉、螺旋藻粉及有機奇亞籽。

2 將作法 1 滴入 1 ～ 3 滴 0 卡甜菊液，以果汁機攪打均勻即可。

3 作法 2 倒入碗中，放上少許切片鳳梨、穀片與幾顆藍莓點綴，即完成。

Note 雀兒料理筆記

- 小黃瓜和奇異果都含有維生素 C，可讓膚色更明亮，豐富的纖維素還可改善排便不順的狀況。

- 享用時若覺得太甜，可自行將水果量視喜好減少，但是一定要放高蛋白粉唷！以確保碳水與蛋白質比例不失衡，避免血糖快速上升。

熱量	碳水化合物	脂肪	蛋白質
245kcal	16g	5g	34g

綠色能量代謝果汁

▨ 材料

菠菜⋯100g

檸檬⋯半顆擠汁

高蛋白粉⋯35g

纖維粉⋯10g

卡宴辣椒粉⋯少許

螺旋藻粉⋯10g

有機奇亞籽⋯10g

水⋯350ml

0 卡甜菊液⋯1 ～ 3 滴

▨ 作法

1 果汁機中先加入350ml 水，依序放入菠菜、檸檬汁、高蛋白粉、纖維粉、卡宴辣椒粉、螺旋藻粉及有機奇亞籽。

2 將作法 1 滴入1 ～ 3滴0卡甜菊液，以果汁機攪打均勻即可。

3 若無0卡甜菊液，也可以蜂蜜代替。倒入喜歡的杯子中，開心享用！

Note ── 雀兒料理筆記

這道排毒精力果汁是我很喜歡的果汁。卡宴辣椒粉、檸檬汁和菠菜的組合，是不是讓人覺得耳目一新！相信大家絕對會愛上他的奇妙滋味。這是一款無負擔但對心臟和身體都非常棒的精力果汁，菠菜的維生素 A 能讓眼睛明亮，卡宴辣椒粉可提升代謝、對心臟有益，也具有消炎和排毒的功效。

熱量	碳水化合物	脂肪	蛋白質
426 kcal	66 g	6 g	27 g

濃郁巧克力香蕉果昔

▨ 材料

香蕉…120g

冷凍藍莓…100g

生可可粉…1 大匙

纖維粉…10g

高蛋白粉…30g

有機奇亞籽…10g

無糖杏仁奶…100ml

肉桂粉…少許

水…350ml

穀片…10g

0 卡甜菊液…1 ～ 3 滴

有機橘子皮…少許

▨ 作法

1 果汁機中先加入350ml 水，依序放入60g 切片香蕉、冷凍藍莓、生可可粉、纖維粉、高蛋白粉、有機奇亞籽、無糖杏仁奶及肉桂粉。

2 將作法 1 滴入1 ～ 3滴0卡甜菊液，以果汁機攪打至絲滑質地。

3 作法 2 倒入碗中，在果昔上鋪上少量的切片香蕉、藍莓、穀片，然後撒上少許有機橘子皮，即完成。

Note 雀兒料理筆記

- 這道果昔是大人小孩都很喜歡的口味，記得可可粉一定要選擇未加工的生有機可可粉，才能發揮最佳的抗自由基效果！適合早上起床時食用，空腹期是吸收營養的黃金時刻，能完整吸收豐富的抗氧化元素。

- 水量的拿捏非常重要，若打的太稀，水果片會沉下去，口感也會差很多，相信大家多做幾次，就能夠拿捏得非常完美囉！

熱量	碳水化合物	脂肪	蛋白質
360 kcal	57 g	4 g	24 g

熱帶水果果昔

材料

香蕉…60g

芒果…60g

鳳梨…50g

纖維粉…10g

高蛋白粉…30g

有機奇亞籽…10g

椰子水…300ml

0 卡甜菊液…1 ～ 3 滴

作法

1 果汁機中先加入300ml 椰子水，依序放入香蕉半根切片、芒果、鳳梨、纖維粉、高蛋白粉、有機奇亞籽。

2 將作法 1 滴入1 ～ 3滴0卡甜菊液，以果汁機攪打至絲滑質地。

3 作法 2 倒入碗中，在果昔上鋪上少量香蕉絲、芒果丁，即完成。

Note 雀兒料理筆記

▪ 結合了鳳梨、椰子、芒果、香蕉的香氣，讓你有置身島嶼度假的感受，非常適合假日和家人與朋友一起享用的異國情果昔！

▪ 鳳梨有豐富的膳食纖維、芒果含有類胡蘿蔔素且維生素 C 是鳳梨的 1.5 倍，可以抗氧化。有些人可能會對芒果產生過敏反應，食用時要多注意。因糖分含量較高，很適合運動過後飲用，身體能夠快速地吸收。

熱量	碳水化合物	脂肪	蛋白質
435 kcal	**49** g	**15** g	**26** g

滋養酪梨果昔碗

材料

有機冷凍莓果⋯60g

香蕉⋯60g

酪梨⋯60g

纖維粉⋯10g

高蛋白粉⋯30g

有機奇亞籽⋯10g

水⋯150ml

無糖杏仁奶⋯200ml

穀片⋯10g

0卡甜菊液⋯1～3滴

作法

1 果汁機中先加150ml水和200ml無糖杏仁奶，依序放入冷凍莓果、香蕉、酪梨、纖維粉、高蛋白粉、有機奇亞籽。

2 將作法 1 滴入1～3滴0卡甜菊液，以果汁機攪打至絲滑質地。

3 作法 2 倒入碗中，在果昔上鋪上少量切片酪梨、莓果、穀片裝飾，增添口感，即可開心享用！

Note 雀兒料理筆記

喜歡酪梨的人千萬不能錯過這道酪梨果昔！我小時候超喜歡喝酪梨牛奶，這道酪梨果昔添加了杏仁奶、莓果、香蕉，讓果昔喝起來更有層次！材料缺一不可。酪梨含有豐富的不飽和脂肪酸，對人體健康有益。早餐食用健康滿分，開啟一整天的好心情！

熱量	碳水化合物	脂肪	蛋白質
373kcal	40g	13g	33g

秋冬暖心南瓜果昔

材料

南瓜…200g

肉桂粉…適量

高蛋白粉…30g

纖維粉…10g

生腰果…20g

肉桂粉…少許

無糖杏仁奶…200ml

水…100ml

0 卡甜菊液…1 ～ 3 滴

作法

1 將南瓜蒸熟去籽後,帶皮切成塊狀,放入果汁機中。

2 作法 1 加入無糖杏仁奶、水,高度以剛好蓋過南瓜為準,再放入高蛋白粉、纖維粉、生腰果、肉桂粉、1 ～ 3滴0卡甜菊液,以果汁機攪打至絲滑質地。

3 作法 2 倒入碗中,想增添口感的話,可放上幾塊南瓜丁、腰果,即可開心享用 I

Note 雀兒料理筆記

這道溫熱的果昔,可以做成熱的,也可以喝冷冰的。如果想喝冰的,就在前一天先把南瓜蒸好,放入冰箱冷藏,無糖杏仁奶和水放用冰或冷的溫度去製作。反之亦然,非常適合在冷冷的秋冬享用,香香甜甜。以肉桂粉提味,身心都暖了起來。

熱量	碳水化合物	脂肪	蛋白質
345kcal	50g	5g	47g

木瓜蘋果豐胸高蛋白果昔

材料

木瓜…200g

蘋果…70g

高蛋白粉…30g

膠原蛋白粉…30g

纖維粉…10g

有機奇亞籽…10g

0 卡甜菊液…1 ～ 3 滴

水…400ml

作法

1 將木瓜洗淨去籽後，連皮切成塊狀放入果汁機。

2 作法 1 放入水，以高度剛好蓋過木瓜為準，放入蘋果、高蛋白粉、膠原蛋白粉、纖維粉、有機奇亞籽、1 ～ 3 滴 0 卡甜菊液，以果汁機攪打至絲滑質地。

3 作法 2 倒入杯中，即可開心享用！

Note 雀兒料理筆記

這道果昔含優質蛋白、膠原蛋白，可以避免女性在減重時瘦到胸部，減重期同步補充蛋白質是非常重要的。蘋果和木瓜的維生素 C，更能幫助膠原蛋白的吸收，不僅健康又養顏美容，每次喝完都覺得身體備受寵愛。

雀兒低卡植物奶咖啡

① 咖啡冰塊杏仁奶

熱量 42 kcal 碳水化合物 **3g** 脂肪 3g 蛋白質 1g

材料

有機即溶咖啡⋯5g
無糖杏仁奶⋯240ml
水⋯100ml
0 卡甜菊液⋯3 ～ 4 滴

作法

1. 在杯中加入 100ml 水中，倒入即溶咖啡粉，攪拌均勻。將黑咖啡倒入製冰盒中，冷藏一晚取出備用。

2. 無糖杏仁奶中倒入約 5 ～ 6 顆黑咖啡冰塊，滴上 0 卡甜菊液 3 ～ 4 滴即完成。

② 椰奶咖啡

熱量 27 kcal 碳水化合物 **5g** 脂肪 0g 0g

材料

椰子奶精⋯2 包（一包 15 卡）
有機即溶咖啡⋯5g
0 卡甜菊液⋯3 ～ 4 滴

作法

1. 在杯中加入 100ml 熱水，倒入即溶咖啡粉與椰子奶精，攪拌均勻，最後加入 0 卡甜菊液即完成。

③ 漸層杏仁奶咖啡

熱量 42 kcal 碳水化合物 **3g** 脂肪 3g 蛋白質 1g

材料

即溶咖啡粉⋯5g
水⋯100ml
無糖杏仁奶⋯240ml
冰塊⋯適量
0 卡甜菊液⋯3 ～ 4 滴

作法

1. 在杯中加入 100ml 水中，倒入即溶咖啡粉，攪拌均勻。另取一透明玻璃杯，先倒入黑咖啡，再倒入無糖杏仁奶及冰塊，加入 0 卡甜菊液，就完成了漸層杏仁奶咖啡。

熱量	碳水化合物	脂肪	蛋白質
337kcal	**48**g	5g	25g

桃紅驚奇香甜果昔

▨ 材料

紅火龍果…100g

奇異果…65g

冷凍莓果…100g

高蛋白粉…30g

有機奇亞籽…10g

蘋果…60g

穀片…適量

水…300ml

0卡甜菊液…13滴

▨ 作法

1 果汁機中先加入300ml水，依序放入紅火龍果、奇異果、冷凍莓果、高蛋白粉、有機奇亞籽、1～3滴0卡甜菊液。

2 將作法1以果汁機均勻攪打至絲滑質地。

3 作法2倒入碗中，在果昔上鋪上蘋果切片和少量奇異果丁、穀片、藍莓，以增添口感，即可開心享用！

Note 雀兒料理筆記

這道果昔富含了抗氧化抗自由基的花青素，請務必於15分鐘內喝完，以免豐富的維生素和礦物質氧化，那就太可惜了！

熱量	碳水化合物	脂肪	蛋白質
302 kcal	33 g	2 g	38 g

美白 C 蔓越莓優格果昔

▨ 材料

無糖希臘優格⋯150ml

冷凍蔓越莓⋯100g

蘋果⋯60g

柳橙⋯40g

蛋白粉⋯30g

纖維粉⋯10g

冰水⋯250ml

0 卡甜菊液⋯1 ～ 3 滴

▨ 作法

1　果汁機中加入 250ml 冰水，依序放入冷凍蔓越梅、蘋果、柳橙、蛋白粉、纖維粉、1 ～ 3滴0卡甜菊液。

2　將作法 1 以果汁機均勻攪打至絲滑質地，倒入玻璃杯中，再倒入無糖希臘優格做成漸層。

3　放上幾顆蔓越莓和柳橙片做裝飾，即可開心享用！

Note 雀兒料理筆記

▪ 蔓越莓對女性的泌尿道保養非常好，再配上蘋果和柳橙豐富的維生素 C 美顏，以無糖優格配上下層的甜蜜水果蔓越莓果昔，讓原本憂鬱的藍色心情都會變成甜蜜的粉紅色。

▪ 好市多販售的希臘優格，碳水量比一般市面上的優格低，大家若無法在好市多購買，在一般連鎖超市購買時，要比較每 100g 的熱量，盡量選擇落在 60kcal 左右的，以免攝取過多熱量。

熱量	碳水化合物	脂肪	蛋白質
395kcal	**53**g	**3**g	**39**g

多酚莓果可可優格碗

材料

冷凍莓果…100g

香蕉半根…60g

高蛋白粉…30g

纖維粉…10g

有機未加工生可可粉…1大匙

穀片…10g

冰水…300ml

無糖希臘優格…150ml

0卡甜菊液…1～3滴

作法

1 果汁機中加入300ml冰水和150ml無糖希臘優格，依序放入冷凍莓果、香蕉、高蛋白粉、纖維粉、生可可粉、1~3滴0卡甜菊液。

2 將作法1以果汁機均勻攪打至絲滑質地，倒入碗中，再用湯匙將無糖優格在表面拉出愛心作裝飾（一小匙鋪在表面，拿一根牙籤在圓的左端畫一圈到最右端，即成心形）。

3 最後放上幾顆藍莓、香蕉切片與穀片作裝飾，即可開心享用。

Note 雀兒料理筆記

可可和莓果都含有豐富的多酚，每1克可可粉中含有50毫克多酚類化合物，建議選用未經烘焙的生可可粉，其中的抗氧化成分能清除自由基、保護血管、抗發炎、延緩衰老、增強免疫力。水果與可可多酚，對人體好處多多。

熱量	碳水化合物	脂肪	蛋白質
446kcal	68g	10g	21g

減脂花生果醬燕麥粥

▧ 材料

燕麥⋯45g

無糖杏仁奶⋯240ml

肉桂粉⋯1 小匙

香蕉半根⋯60g

新鮮藍莓⋯10 粒

PB2 巧克力花生粉⋯40g

0 卡甜菊液⋯1 ～ 2 滴

▧ 作法

1 取一個湯鍋，倒入45g 燕麥、240ml 無糖杏仁奶，邊攪拌邊煮到滾。煮滾之後轉中小火燜10分鐘。中途要持續攪拌，避免焦掉，起鍋放涼。

2 作法 1 放涼後，放入30g 的花生粉、加入0卡甜菊液1 ～ 2滴，攪拌均勻。

3 盛盤後，放上香蕉片、新鮮藍莓、一匙10g ＋10ml 水拌勻成的 PB2 巧克力花生醬，即完成。

Note 雀兒料理筆記

▪ 傳統的 PB & J 是用高熱量的花生醬和果醬製作而成，這道料理改用去除80％脂肪的PB2 巧克力花生醬，取代傳統高熱量花生醬；用新鮮藍莓取代高糖分的果醬，享受美味的同時，不需擔心攝取過多的熱量。

▪ 這道建議可搭配兩顆水煮蛋或一片雞胸肉，可平衡蛋白質與碳水的比例。

熱量	碳水化合物	脂肪	蛋白質
369kcal	62g	9g	10g

甜暖蘋果肉桂燕麥粥

▨ 材料

蘋果…100g

燕麥…60g

海鹽…少許

無糖杏仁奶…200ml

肉桂粉…少許

杏仁果…3 顆

龍舌蘭糖漿或蜂蜜…1 小匙

▨ 作法

1　蘋果洗淨削皮，切片備用。

2　取一湯鍋，放入燕麥，加入一點海鹽，再倒入無糖杏仁奶200ml，攪拌至煮滾後，煮滾之後轉中小火燜10分鐘，直到質地變濃稠。

3　作法 2 起鍋放涼，盛盤後拌入切片的蘋果片和肉桂粉，攪拌均勻，在最上層鋪上蘋果片、杏仁果和肉桂粉。最後淋上龍舌蘭糖漿或蜂蜜，即可開心享用！

Note 雀兒料理筆記

這道燕麥因為加入了肉桂搭配蘋果，是屬於秋冬風味款料理。肉桂可促進循環使身體溫暖，能幫助女性改善手腳冰冷的問題，還可調節血糖，很適合減重時食用。

熱量	碳水化合物	脂肪	蛋白質
420kcal	66g	8g	21g

莓果優格隔夜燕麥

░ 材料

燕麥…60g

綜合莓果…100g

火龍果…50g

有機奇亞籽…10g

無糖杏仁奶…100ml

無糖希臘優格…100ml

0 卡甜菊液…3 ～ 4 滴

░ 作法

1 取一個玻璃罐，放入燕麥、綜合莓果、切塊火龍果、有機奇亞籽與無糖杏仁奶。

2 再加入無糖希臘優格和0卡甜菊液，攪拌均勻，蓋上蓋子放入冰箱冷藏一碗。

3 隔天早上從冰箱取出，即可馬上食用！

Note 雀兒料理筆記

快速簡單的美味早餐！建議大家一起床先拿出來退冰，帶去上班或上課的地方再吃，才不會一起床就吃太冰冷的食物喔！若覺得太冰，也可以加入一些溫杏仁奶緩和一下。

熱量	碳水化合物	脂肪	蛋白質
527 kcal	83 g	18 g	18 g

一夜情隔夜燕麥

▨ 材料

燕麥⋯70g

有機奇亞籽⋯15g

無糖杏仁奶⋯200ml

PB2 花生醬⋯10g

巴西莓粉⋯10g

0 卡甜菊液⋯10g

藍莓⋯100g

香蕉⋯40g

▨ 作法

1 取一個玻璃罐，加入燕麥、有機奇亞籽、無糖杏仁奶、一匙 PB2 花生巧克力醬、巴西莓粉和0卡甜菊液攪拌均勻。

2 將作法 1 放上藍莓與香蕉片，蓋上蓋子放入冰箱冷藏一晚。

3 隔天早上從冰箱取出，即可馬上食用！

Note 雀兒料理筆記

做法相當簡單，將所有材料都放入玻璃罐中即可。放一夜冷藏，可讓風味更加融合。巴西莓粉有豐富的維生素、礦物質、花青素、Omega-3 及莓果多酚，抗氧化效果是藍莓的 22 倍，是最近風靡歐美的超級水果之一。

繽紛夢幻三種口味
奇亞籽布丁

奇亞籽布丁基底

▧ 材料（3人份）

有機奇亞籽…60g

無糖杏仁奶…240ml

0 卡甜菊液…4 滴

▧ 作法

1 於玻璃容器中加入有機奇亞籽，倒入杏仁奶，攪拌均勻後再加入0卡甜菊液，放入冰箱冷藏一晚，要食用時取出，加入自己喜歡的配料。

① 熱帶芒果

▧ 材料

芒果…20g

鳳梨…20g

冰塊…少許

藍莓…3 顆

奇亞籽布丁…1 人份

熱量	碳水化合物		蛋白質
120kcal	15g	5g	5g

▧ 作法

1 取出一人份的奇亞籽布丁，先放入半份布丁於玻璃小盅底部，將芒果、鳳梨、冰塊打成果泥，把果泥鋪滿在奇亞籽布丁上。

2 將作法 1 的頂層放上剩下的奇亞籽布丁，最後加上新鮮的芒果丁與藍莓，即完成。

② 香蕉可可

熱量	碳水化合物	脂肪	蛋白質
158kcal	18g	6g	8g

▨ 材料

可可粉…15g

香蕉…20g

PB2 巧克力醬…10g + 10ml 水

藍莓…3 顆

奇亞籽布丁…1 人份

▨ 作法

1　取出一人份的奇亞籽布丁,放入玻璃小盅,再放入可可粉攪拌均勻,最後加上新鮮的香蕉片、PB2巧克力醬與藍莓,即完成。

③ 桃紅派對

熱量	碳水化合物	脂肪	蛋白質
162kcal	20g	6g	7g

▨ 材料

無糖優格…50g

紅火龍果…30g + 10ml 水搗成果泥

優格莓果穀麥脆片…10g

奇亞籽布丁…1 人份

▨ 作法

1　取出一人份的奇亞籽布丁,於玻璃小盅內先倒入2/3的奇亞籽布丁,放上一匙優格、火龍果泥與穀麥脆片,即完成。

Note 雀兒料理筆記

奇亞籽是一種富含 Omegs-3 和膳食纖維的超級食物,也含有豐富的蛋白質、礦物質及維生素,是減脂期很適合解嘴饞的低卡甜點,營養美味又有飽足感,不需要任何烹調器具即可輕鬆完成。

熱量	碳水化合物	脂肪	蛋白質
476kcal	44g	14g	43.5g

高蛋白芋泥鬆餅

▨ 芋泥材料（2人份）

芋頭⋯150g

無糖杏仁奶⋯60ml

甜菊液⋯1～2滴

椰子油⋯5g

高蛋白粉⋯20g

熱量	碳水化合物	脂肪	蛋白質
291kcal	41g	7g	16g

▨ 紫薯材料（2人份）

紫薯⋯150g

無糖杏仁奶⋯60ml

甜菊液⋯1～2滴

椰子油⋯5g

高蛋白粉⋯20g

熱量	碳水化合物	脂肪	蛋白質
258kcal	34g	6g	17g

▨ 鬆餅材料（2人份）

粉狀材料

高蛋白粉⋯60g

泡打粉⋯5g

海鹽⋯少許

燕麥粉⋯10g

蛋⋯2顆

無糖杏仁奶或低脂牛奶⋯90ml

熱量	碳水化合物	脂肪	蛋白質
403kcal	13g	15g	54g

░ 作法

1 將芋頭和紫薯放入電鍋蒸熟，蒸約20分鐘，至插入筷子可輕易穿透。

2 將作法1的芋頭、杏仁奶、甜菊液、椰子油、高蛋白粉全部放入果汁機中，攪打均勻。

3 先將鬆餅的乾性粉狀材料放入碗中，打入2顆蛋和倒入無糖杏仁奶，攪拌至呈均勻的麵糊狀即可。

4 起油鍋，抹上5g椰子油，取一個大湯匙挖麵糊倒入鍋中，確保鬆餅大小一致，以中小火煎至鬆餅冒小泡泡，即可翻面。

5 作法3靜待約2分鐘，至表面呈金黃色，即可起鍋。

6 鬆餅起鍋後，放置小架子上，以避免濕氣讓餅皮變得過軟。

7 取一片鬆餅放至盤子上，挖一匙紫薯泥塗抹均勻後，再疊上一片鬆餅，挖一匙芋泥於第二層鬆餅塗抹均勻，鋪上最後一片鬆餅，即完成。

Note 雀兒料理筆記

▪ 處理芋頭時，記得戴上手套。若買不到紫薯，也可以一般的地瓜取代，顏色更有變化也很美味。

▪ 鬆餅本體設計以高蛋白質的食材製成，芋泥和紫薯雖然營養美味，但主要為碳水化合物組成，剛好可與蛋白質鬆餅做平衡搭配，是健身或在飲食控制的人，也能開心享用的甜點。

（2人份）

熱量	碳水化合物	脂肪	蛋白質
602kcal	**46**g	**17**g	**69**g

鮮果蛋白質鬆餅

▨ 材料

香蕉…60g

蘋果…50g

莓果…50g

柳橙…50g

無糖優格…100ml

0 卡甜菊液…3 ～ 4 滴

海鹽…少許

▨ 高蛋白鬆餅材料（2人份）

粉狀材料

高蛋白粉…60g

泡打粉…5g

海鹽…少許

燕麥粉…10g

蛋…2 顆

無糖杏仁奶或低脂牛奶…90ml

▨ 作法

1 先將鬆餅的乾性粉狀材料放入碗中，打入2顆蛋和倒入無糖杏仁奶，攪拌至呈均勻的麵糊狀即可。

2 起油鍋，抹上5g 椰子油，取一個大湯匙挖麵糊倒入鍋中，確保鬆餅大小一致，以中小火煎至鬆餅冒小泡泡，即可翻面。

3 作法 2 靜待約2分鐘，至表面呈金黃色，即可起鍋。

4 鬆餅起鍋後，放置小架子上，以避免濕氣讓餅皮變得過軟。

5 取一小碗加入優格、0卡甜菊液與少許海鹽攪拌均勻成優格醬。

6 取一片鬆餅放上香蕉、再鋪上鬆餅、放上蘋果、鋪上最後一層鬆餅，淋上 5 的優格醬，再放上莓果與柳橙，即完成。

Note 雀兒料理筆記

減脂期偶爾也會有吃甜食的欲望，這款水果鬆餅美味度不輸一般下午茶，以優格取代鮮奶油，減少許多熱量，僅有市售鬆餅的一半熱量。

熱量	碳水化合物	脂肪	蛋白質
368kcal	34g	19g	21g

蔬菜起司厚蛋餅

▨ 材料

義美蛋餅皮⋯1 片

蒜頭丁⋯少許

小黃瓜絲⋯80g

胡蘿蔔絲⋯80g

彩椒丁⋯適量

馬茲瑞拉起司⋯20g

蛋⋯2 顆（1 顆全蛋、1 顆蛋白）

椰子油⋯5g

鹽巴、黑胡椒⋯少許

味滋康胡麻醬⋯少許

▨ 作法

1 起油鍋，倒入5g 椰子油，放入蒜頭丁炒香，加入胡蘿蔔絲炒至變軟，再放入小黃瓜絲與彩椒丁。

2 碗中打入2 顆蛋，1 顆全蛋、1 顆蛋白，撒上適量鹽與黑胡椒，攪拌均勻。

3 將作法 2 的蛋液倒入作法 1 的鍋中，蓋上冷凍蛋餅皮，用鍋鏟將蛋餅皮與蛋液壓緊密合，待約3分鐘後，再翻面。

4 作法 3 煎至蛋皮呈金黃色，最後在蛋餅上放上20g 的馬茲瑞拉起司，將餅皮兩側翻至中間、重疊，完成蛋餅。再翻面稍微煎一下，即可起鍋。

5 盛盤前，淋上少量胡麻醬即完成。

Note 雀兒料理筆記

- 獻給愛吃早餐店又怕胖的你，外面早餐店的食物通常都加了大量的油，不小心就會攝取過多熱量，雀兒的自製蛋餅多加了一顆蛋白，增加了整體的蛋白質，不但更健康也更有飽足感。
- 口感爽脆的小黃瓜、彩椒與紅蘿蔔，搭配萬用的美味胡麻醬，是減脂期的最佳早餐選擇。

熱量	碳水化合物	脂肪	蛋白質
496kcal	57g	16g	31g

芋泥起司蛋餅

▨ 材料

高蛋白芋泥⋯1 人份
（作法請參考 p.092 高蛋白芋泥鬆餅作法）

蛋餅皮⋯1 片

低脂起司⋯1 片

蛋⋯2 顆（1 顆全蛋、1 顆蛋白）

椰子油⋯3g

無糖優格⋯100g

穀片⋯10g

海鹽⋯適量

▨ 作法

1　起油鍋，抹上 5g 椰子油，倒入蛋液（1 顆全蛋、1 顆蛋白＋少許海鹽攪拌均勻的蛋液）。

2　於作法 1 蓋上冷凍蛋餅皮，用鍋鏟將蛋餅皮與蛋液壓緊密合，待約 3 分鐘後，再翻面。

3　在蛋餅皮中間鋪上芋泥，鋪上低脂起司，將餅皮兩側翻至中間、重疊，再翻面稍微煎一下。

4　待餅皮表面略呈金黃色，即可起鍋切成 4 等份開心享用！

Note 雀兒料理筆記

這款高蛋白的芋泥蛋餅，在 IG 貼文上分享後，詢問度超高，減去一顆蛋黃以及使用低脂起司，可以降低整體脂肪及熱量，是減脂期也能吃到的美味邪惡料理。

（2人份）

熱量	碳水化合物	脂肪	蛋白質
670kcal	**63**g	**21**g	**61**g

鮪魚沙拉水煮蛋三明治

▧ 材料

鮪魚沙拉（2人份）

熱量	碳水化合物	脂肪	蛋白質
272kcal	**4**g	**9**g	**44**g

水煮鮪魚罐頭…190g

優格…100g

檸檬汁…半顆

0卡甜菊液…3滴

海鹽、黑胡椒…適量

吐司…3片

水煮蛋…1顆

小黃瓜…20g

生菜…20g

黃芥末醬…適量

▧ 作法

1　將鮪魚罐頭倒入碗中，加入優格、擠入檸檬汁、0卡甜菊糖漿3滴，再加入適量黑胡椒與海鹽，均勻攪拌成鮪魚沙拉。

2　將3片吐司放入烤箱中，烤至金黃酥脆，取出備用。

3　將水煮蛋與小黃瓜切片，生菜洗淨備用。

4　取1片吐司，抹上適量黃芥末醬，依序鋪上生菜、鮪魚沙拉、小黃瓜、水煮蛋，再鋪上1片吐司，再鋪上相同食材，最後放上抹有黃芥末醬的吐司，切對半，即完成。

Note 雀兒料理筆記

- 這道料理的材料缺一不可，以優格取代美奶滋、0卡甜菊糖漿取代蜂蜜，熱量大幅降低，是很適合當成早餐或野餐時的料理。
- 記得要盡快享用，因小黃瓜與生菜會產生水分，容易導致吐司變得溼軟。

熱量	碳水化合物	脂肪	蛋白質
546kcal	41g	26g	37g

起司里肌厚蛋三明治

材料

里肌肉…100g

迷迭香、海鹽…適量

黑胡椒…適量

蛋…1 顆

全麥吐司…2 片

低脂起司…1 片

萵苣…20g

作法

1 豬里肌肉取出先洗淨，放上迷迭香、黑胡椒與海鹽塗抹均勻，用肉鎚將筋打斷，拍成一大片薄薄的肉片。

2 不沾鍋子燒熱，不放油直接放入肉片，煎到兩面呈金黃色即可起鍋。

3 再以不沾鍋煎一顆荷包蛋，起鍋備用。

4 將全麥吐司烤至兩面呈金黃，一片吐司先放上萵苣生菜，再依序疊上肉片、起司、蛋，最後蓋上吐司，切對半，即可開心享用！

Note 雀兒料理筆記

- 這是極致版的早餐店里肌蛋起司吐司！迷迭香搭配多汁油香的肉片，襯托出整道料理的精華，只要吃過一次就會愛上！

- 紅肉的脂肪比白肉要高，所以在減脂時要注意控制分量，里肌是豬肉脂肪較低的部位，比梅花和五花肉油脂少、熱量也低很多，是想更換口味時的好選擇。

熱量	碳水化合物	脂肪	蛋白質
423kcal	47g	15g	25g

雀兒招牌肉鬆厚蛋三明治

▨ 材料

全麥吐司…2 片

小黃瓜…1 根

肉鬆…20g

蛋…2 顆（1 顆全蛋、1 顆蛋白）

海鹽、黑胡椒…少許

椰子油…5g

龍舌蘭糖漿…少許

是拉差辣醬…少許

▨ 作法

1 起油鍋，抹上5g 椰子油，倒入蛋液（1顆全蛋、1顆蛋白與1撮海鹽攪拌均勻），撒上黑胡椒，煎成厚蛋備用。

2 將全麥吐司烤到金黃酥脆，備用。

3 小黃瓜洗淨刨成絲，放到作法 2 的吐司上，再放上作法 1 的厚蛋、鋪上肉鬆，淋上一點龍舌蘭糖漿與是拉差辣醬，再覆蓋上另一片吐司，即可切對半，開心享用！

Note 雀兒料理筆記

飲食方面平常建議大家盡量多吃原型食物，但如果偶爾想解解饞，建議大家挑選品牌知名的肉鬆，看看營養標示，以避免吃下過多的添加物。肉鬆是招牌吐司整體口感的亮點。

熱量	碳水化合物	脂肪	蛋白質
394kcal	**44**g	**18**g	**14**g

酪梨半熟蛋吐司

░ 材料

酪梨…60g

蒜頭丁…1 瓣

海鹽…少許

檸檬汁…1/4 顆

卡宴辣椒粉…適量

黑胡椒…適量

蛋…1 顆

椰子油…5g

全麥吐司…2 片

░ 作法

1 取一個大碗，放入酪梨、蒜頭丁、海鹽、檸檬汁、卡宴辣椒粉、黑胡椒，均勻攪拌成酪梨泥，備用。

2 不沾鍋熱鍋，抹上5g椰子油，打入一顆蛋，蛋白周圍倒一點點水，等水蒸發後，蛋白凝固，蛋黃仍半生熟時，取出備用。

3 將全麥吐司烤酥後，均勻抹上酪梨泥，再放上半熟太陽蛋，即可食用！

Note 雀兒料理筆記

- 提醒大家要選擇新鮮的酪梨，挑選酪梨時可輕輕按壓蒂頭，若蒂頭表皮呈黑色代表熟了。

- 每項調味料都缺一不可，才能夠搭配成最完美的滋味喔！非常適合當成假日早午餐，配著杏仁奶咖啡一起享用。

熱量	碳水化合物	脂肪	蛋白質
519kcal	50g	11g	55g

起司雞胸酪梨地瓜船

░ 材料

雞胸肉…200g

地瓜…200g

酪梨半顆…30g

海鹽、黑胡椒、卡宴辣椒粉…適量

0卡甜菊液…3～4滴

無糖優格…100ml

是拉差辣醬…少許

░ 作法

1　取一湯鍋將水燒滾，放入雞胸肉，轉小火，燜煮10分鐘，起鍋放涼備用。

2　將地瓜洗淨，放入氣炸鍋，以180℃烤45分鐘，取出放涼備用。

3　將作法 1 的雞胸肉剝成絲，加入海鹽、黑胡椒、卡宴辣椒粉、是拉差辣醬，再加入3～4滴0卡甜菊液與無糖優格，拌勻備用。

4　作法 2 的地瓜剖半，鋪上作法 3 的雞肉絲，最後鋪上切片的酪梨，即完成。

Note 雀兒料理筆記

雞胸肉的高蛋白質與地瓜的高纖維，讓飽足感滿點，酪梨則補充優良油質。充滿變化的雞胸肉吃法，特別適合愛吃辣的人。

熱量	碳水化合物	脂肪	蛋白質
574 kcal	50g	26g	35g

酪梨起司蛋墨西哥捲餅

材料

熟鷹嘴豆…50g（可直接使用市售罐頭）

熟紅腰豆…50g（可直接使用市售罐頭）

玉米粒…50g

孜然粉…0.5 小匙

蛋…2 顆（1 顆全蛋、1 顆蛋白）

海鹽…適量

低脂起司…1 片

墨西哥餅皮…1 片

切片酪梨…60g

萵苣絲…適量

椰子油…5g

Note 雀兒料理筆記

- 墨西哥餅皮熱量比較低，容易消化，很適合運動前享用。如果那一餐不想攝取太多的碳水量，是很好的選擇。

- 使用營養價值很高，富含蛋白質、鐵、鉀、維生素的紅腰豆與鷹嘴豆所製作出的香料豆泥，適合喜愛異國風料理的人。

作法

1. 取一個大碗，放入鷹嘴豆與紅腰豆，加入0.5小匙的孜然粉，用叉子壓成泥狀，加入玉米粒拌勻。

2. 將2顆蛋打入碗中，取出其中一個蛋黃不用，加入適量海鹽，將剩下的蛋液打勻，備用。

3. 起油鍋，放入5g椰子油，倒入作法 2 的蛋液，靜置1～2分鐘呈半熟狀態後，放入低脂起司，將蛋皮朝中間對折成長型蛋包狀，再翻面煎1～2分鐘，盛起備用。

4. 作法 3 的鍋子持續加熱，放入墨西哥餅皮，兩面各加熱約1分鐘，備用。

5. 將餅皮放置於盤中，抹上作法 1 豆泥，鋪上萵苣絲，再放上起司蛋包、切片酪梨，餅皮由左右往中心對折壓緊，切對半，即可享用。

熱量	碳水化合物	脂肪	蛋白質
528kcal	40g	16g	56g

雞胸肉菇菇捲餅

▨ 材料

熟鷹嘴豆⋯50g（可直接使用市售罐頭）

熟紅腰豆⋯50g（可直接使用市售罐頭）

鴻喜菇⋯50g

海鹽、黑胡椒⋯適量

萵苣⋯2 片

墨西哥餅皮⋯1 片

即食雞胸肉⋯150g

味滋康胡麻醬⋯20g

椰子油⋯5g

▨ 作法

1 取一個大碗，放入鷹嘴豆與紅腰豆，用叉子壓成泥狀，備用。

2 起油鍋，放入5g 的椰子油，倒入鴻喜菇再撒上海鹽與黑胡椒調味，炒熟備用。

3 作法 2 的鍋子持續加熱，放入墨西哥餅皮，兩面各加熱約1分鐘，備用。

4 即食雞胸肉微波3分鐘，切成片狀備用。

5 將墨西哥餅皮抹上作法 1 豆泥，中間放上萵苣、雞胸肉、鴻喜菇，最後淋上味滋康胡麻醬，即可捲起後切對半，開心享用！

Note 雀兒料理筆記

- 這道料理的纖維相當豐富，因為有豆泥和鴻喜菇，同時也能提升豐富的飽足感。

- 這款味滋康胡麻醬與其他品牌相比熱量低相當多，但口味吃起來意外的美味，是雀兒大力推薦的低卡醬料。

熱量	碳水化合物	脂肪	蛋白質
525kcal	**70**g	**19**g	**16**g

四種口味法國麵包

▩ 材料

法國麵包 1 條…約 100g（1 片約 25g）

低脂奶油乳酪…100g

藍莓…20g

蜂蜜或楓糖…10g

海鹽…少許

番茄莎莎醬…1 大匙
（作法參考 p.121 番茄莎莎雞胸義大利麵）

初榨橄欖油…少許

酪梨…20g

蘋果片…20g

檸檬汁…少許

熟鮭魚肉…20g

肉桂粉…少許

▩ 作法

1　將1條法國麵包切成四片，放入烤箱中烤約4分鐘，烤至金黃酥脆。

2　1片法國麵包塗上25g低脂奶油乳酪、放上藍莓、淋上5g蜂蜜，撒少許海鹽即可。

3　1片法國麵包放上1大匙番茄沙沙醬，再淋上少許初榨橄欖油。

4　1片法國麵包塗上25g低脂奶油乳酪，放上酪梨鮭魚沙拉。（將酪梨20g與熟鮭魚肉20g混合，加入少許海鹽、黑胡椒、幾滴檸檬汁拌勻。）

5　1片法國麵包塗上25g低脂奶油乳酪，放上蘋果片、淋上5g蜂蜜，撒上肉桂粉、少許海鹽即完成。

Note 雀兒料理筆記

這道料理非常適合當派對、宴客小點心，使用健康無負擔的材料，可以大口享用不同風味的麵包，也不用擔心發胖，關鍵是記得選用低脂奶油乳酪可大幅地減低熱量！

藍莓乳酪

| 熱量 137kcal | 碳水化合物 20g | 脂肪 4g | 蛋白質 4g |

番茄沙沙醬

| 熱量 114kcal | 碳水化合物 13g | 脂肪 6g | 蛋白質 2g |

酪梨鮭魚沙拉

| 熱量 170kcal | 碳水化合物 15g | 脂肪 8g | 蛋白質 8g |

肉桂蘋果

| 熱量 104kcal | 碳水化合物 22g | 脂肪 1g | 蛋白質 2g |

熱量	碳水化合物	脂肪	蛋白質
329 kcal	32 g	9 g	30 g

仿麥當勞自製健康滿福堡

▨ 材料

義美滿福堡麵包…1 份

蛋…2 顆（1 顆全蛋、1 顆蛋白）

低脂牛奶…50ml

海鹽…少許

好市多蜂蜜雞肉切片…1 片

低脂起司…1 片

黑胡椒…少許

▨ 作法

1 蛋液做法：1 顆全蛋、1 顆蛋白、加入 50ml 牛奶、海鹽少許、黑胡椒少許，用筷子快速打均勻。

2 將不沾鍋燒熱，倒入作法 1 的蛋液，煎成嫩蛋包，備用。

3 將蜂蜜雞肉切片兩面各用熱鍋煎60秒，取出備用。

4 把滿福堡麵包打開，1 片放上低脂起司，放入烤箱烤3分鐘，再依序在起司麵包放上蛋包、蜂蜜雞肉切片，蓋上另一片麵包，即可享用！

Note 雀兒料理筆記

這款仿麥當勞的火腿早餐，主要是將火腿替換成低脂肪的肉片，起司也選用低脂肪，可減少許多熱量，並滿足想吃速食早餐欲望的你。

Great Things
Will Be
Served

（1人份）

熱量	碳水化合物	脂肪	蛋白質
533kcal	47g	12g	58g

酪梨低脂雞肉漢堡

▧ 材料

雞胸肉排

（2人份）

熱量	碳水化合物	脂肪	蛋白質
512kcal	13g	8g	94g

雞胸絞肉…400g

洋蔥丁…6 大匙

鹽巴…1 小匙

黑胡椒…1 小匙

卡宴辣椒粉…1 小匙

孜然粉…1.5 小匙

煙燻紅椒粉…1 小匙

漢堡麵包…1 份

低脂起司…1 片

萵苣…2 片

牛番茄…1 片

切片酪梨…20g

椰子油…5g

0 卡甜菊黃芥末醬…適量

（黃芥末醬＋0 卡甜菊液混合均勻）

▧ 作法

1　先將雞胸肉用肉槌敲打成薄片狀，再用菜刀剁成泥狀，放到大碗中，將洋蔥丁與所有調味料放入，攪拌均勻。

2　將手沾上少量的水，於碗中挖起一球肉餡，在手中反覆拍打，把空氣拍進去，成漢堡排狀。

3　起油鍋，放入5g椰子油，將作法 2 的漢堡排煎至兩面呈金黃色，翻面再放上1片低脂起司。

4　將漢堡麵包以烤箱烤至金黃，雙面都抹上0卡甜菊黃芥末醬（黃芥末＋甜菊糖液 2～3 滴），放上萵苣、番茄片、漢堡排、酪梨切片，即完成！

Note 雀兒料理筆記

這款漢堡雖然是使用雞胸肉，但是一點也不柴，反而多汁飽滿！記得在拍漢堡肉時，把空氣一起拍進去。多汁的雞胸肉漢堡排配上優質油脂的酪梨，完美交融，是一道讓人忘了正在飲食控制的極致美食！

熱量	碳水化合物	脂肪	蛋白質
450 kcal	59 g	4 g	44 g

番茄莎莎雞胸義大利麵

▨ 材料

~~義大利麵~~…70g

雞胸肉…150g

洋蔥丁…1 大匙

鹽、黑胡椒…各 1 小匙

番茄莎莎醬…4 大匙

蒜頭丁…少許

椰子油…5g

番茄莎莎醬（900g）

熱量	碳水化合物	脂肪	蛋白質
182kcal	41g	1g	7g

青椒丁…75g

紅甜椒…75g

小黃瓜丁…75g

洋蔥丁…75g

牛番茄…560g

大蒜瓣丁…4 片

辣椒…1 ～ 2 根

香菜末…少許

檸檬汁…1 大匙

鹽、黑胡椒粉…適量

▨ 作法

1 先將雞胸肉用肉槌敲打成片狀，用菜刀剁成泥狀後放到大碗中，將洋蔥丁與調味料放入攪拌均勻。手沾水，於碗中挖起一匙肉餡，在手中反覆拍打把空氣拍進去成漢堡排狀。

2 鍋子燒熱放入5g椰子油，放入作法 1 漢堡排，煎至兩面呈金黃，起鍋備用。

3 將莎莎醬所有材料放入一大碗中，均勻攪拌混合，備用。

4 起一鍋滾水，放入義大利麵，按照包裝上的時間提早2 ～ 3分鐘起鍋。麵條起鍋備用，加入少許橄欖油拌勻，避免沾黏。

5 鍋子燒熱，放入蒜頭丁炒香，放入麵條翻炒加熱，起鍋盛盤。接著放上作法 2 的雞胸漢堡排，倒上莎莎醬，撒上適量海鹽與黑胡椒調味即可。

Note 雀兒料理筆記

- 麵條起鍋後加少量橄欖油，可避免麵條沾黏，可直接下鍋炒香減少一點熱量攝取。
- 莎莎醬完成後，請盡快食用，避免番茄會過度出水。
- 熱量不高但飽足感十足，扎實多汁的漢堡排搭配莎莎醬吃起來非常清爽無負擔，是一道很適合運動過後享用的料理。
- 漢堡排可一口氣多做一些冷凍起來，保存期約一個月，方便忙碌上班族減少料理時間。

（1人份）

熱量 **587**kcal	碳水化合物 **67**g	脂肪 **17**g	蛋白質 **47**g

鮪魚沙拉筆管麵

▨ 材料

鮪魚沙拉（1人份）

水煮鮪魚罐頭…95g

優格…50g

檸檬汁…半顆

0卡甜菊液…3滴

海鹽、黑胡椒…適量

筆管麵…60g

花椰菜…50g

毛豆…40g

酪梨丁…40g

水煮蛋…1顆

小番茄…10顆

▨ 作法

1 將鮪魚罐頭到入碗中，加入優格、擠入檸檬汁、0卡甜菊液3滴，再加入適量黑胡椒與海鹽，均勻攪拌成鮪魚沙拉。

2 起一鍋滾水，放入筆管麵，依外包裝將麵條煮熟，另起一鍋水，放入花椰菜與毛豆燙熟，起鍋備用。

3 碗中放入筆管麵，放上鮪魚沙拉、水煮蛋、燙熟的毛豆、切對半的花椰菜、酪梨丁與小番茄，即可享用。

Note 雀兒料理筆記

因為是涼拌料理，製作時間快速且方便，很適合家中無法開火的上班族或學生。也是夏天出門野餐的最佳消暑料理。

(1人份)

熱量	碳水化合物	脂肪	蛋白質
546kcal	75g	25g	11g

濃郁酪梨義大利麵

▨ 材料（2人份）

義大利麵…120g

2 顆熟酪梨…120g

新鮮羅勒葉…120g

大蒜…2 瓣

鮮榨檸檬汁…30ml

海鹽和新鮮黑胡椒…適量

橄欖油…15ml

甜椒丁…50g

罐裝玉米粒…100g

▨ 作法

1　起一湯鍋，待水煮滾放入少許鹽巴，倒入義大利麵條。按照包裝說明的時間煮麵，用篩網將義大利麵水分瀝乾，備用。

2　製作酪梨醬。將酪梨、羅勒、大蒜和檸檬汁，放入食物調理機的容器中，加入鹽和胡椒調味。以食物調理機攪打，途中分次加入橄欖油，直至乳化，備用。

3　取一個大盤，放入作法 1、作法 2 的酪梨醬，撒上少許燙過的甜椒丁與罐裝玉米粒，即完成。

Note 雀兒料理筆記

這道料理很適合素食者或在運動過後享用，因為含有豐富碳水與優質脂肪，相當適合身材過瘦希望能增肌的人。如果覺得蛋白質不夠，可再搭配一杯高蛋白飲。酪梨醬的風味濃郁卻不失清爽，檸檬微酸的滋味讓整道料理更加分。

熱量	碳水化合物	脂肪	蛋白質
564 kcal	**59** g	**16** g	**47** g

鮭魚菇菇義大利麵

材料

鮭魚…150g

義大利麵…60g

小黃瓜半根…60g

鴻喜菇半包…40g

低脂牛奶…50ml

海鹽、黑胡椒、迷迭香料…少許

檸檬汁…半顆

作法

1 不沾鍋燒熱,直接放入鮭魚,開中小火,煎至兩面魚肉表面微焦熟透,起鍋備用。

2 起一湯鍋,待水煮滾放入少許鹽巴,倒入義大利麵,按照包裝上的時間提早 1～2 分鐘起鍋,用篩網將義大利麵瀝乾水分,備用。

3 將作法 1 的鍋中,倒入小黃瓜切片與鴻喜菇,撒入適量海鹽與黑胡椒,稍微翻炒後,放入作法 2 的義大利麵,再倒入 50ml 的低脂牛奶。

4 撒上迷迭香料,翻炒約 3～5 分鐘,待鴻喜菇熟透後,即可起鍋。於義大利麵上方,放上作法 1 的切塊鮭魚肉,淋上檸檬汁,最後再依個人喜好撒上黑胡椒,即完成。

Note 雀兒料理筆記

- 建議大家使用不沾鍋,就可不需另外抹油。
- 水煮義大利麵提早起鍋,不要馬上煮到全熟,主要是為了避免過度翻炒,使麵條口感過軟。

熱量	碳水化合物	脂肪	蛋白質
534 kcal	57 g	18 g	36 g

鮭魚藜麥便當

材料（2人份）

鮭魚…100g

熟藜麥飯…1 人份
（請參照 p.130 藜麥飯作法）

毛豆…50g

花椰菜…100g

甜椒丁…30g

鴻喜菇…50g

海鹽…適量

大蒜…少許

作法

1　花椰菜洗淨、連同冷凍毛豆、甜椒滾水煮10分鐘。

2　鮭魚洗淨擦乾，將兩面均勻抹上海鹽，備用。

3　將平底鍋加熱，先放入蒜末，再放入鮭魚，煎至兩面呈金黃，盛起備用。

4　不洗鍋直接放入鴻喜菇與花椰菜清炒，至鴻喜菇熟透，即可盛盤。

5　便當盒盛入藜麥飯，放上作法 1 的毛豆與甜椒丁，再放入花椰菜、鴻喜菇與作法 3 的鮭魚，美味的便當就完成了。

Note 雀兒料理筆記

藜麥飯吃起來較有口感，並且是全穀物中蛋白質最高的，提供了九種必備的氨基酸。在白飯中混入藜麥可增添口感變化，營養也更加分，是近幾年來特別受歡迎的超級食物。

藜麥飯做法

░░ **材料**（約4人份）

白米…120g
藜麥…120g

░░ **作法**

1 跟一般煮飯步驟相同，先用量杯裝好米的分量。

2 將米快速溫柔的洗淨後瀝乾，米：水 以1：1.2 重量比例添加。用量杯裝好大約半杯藜麥的分量。

3 因為藜麥比米小且輕，建議放在篩網裡面稍微沖洗一下即可，避免都流到水槽中。

4 將作法 3 放入一般電子鍋，選擇煮飯的功能即可，每一個品牌的電子鍋時間不一樣，大約都是半小時到1小時之間。

5 跳起之後不用急著開啟，可再燜10分鐘，打開鍋蓋後，使用飯匙輕輕的上下拌勻，讓蒸氣散出。

6 也可使用糙米或胚芽米，唯注意糙米必須以溫水浸泡3～4小時，米：水 以1：1.5 的比例添加，這樣既能保留糙米的營養，且口感不會過硬。

熱量	碳水化合物	脂肪	蛋白質
605kcal	59.7g	27.8g	35g

藜麥南瓜雞腿沙拉

▨ 材料

雞腿肉…150g

南瓜…150g

蘑菇…50g

生藜麥…20g

鹽巴、黑胡椒…適量

萵苣切絲…50g

有機蘿蔓…50g

小黃瓜…100g

小番茄…隨喜好

蘋果…100g

黃金比例油醋醬

熱量	碳水化合物	脂肪	蛋白質
97 kcal	1.8 g	10 g	0 g

海鹽…1 小撮

研磨胡椒…適量

紅酒醋…10ml

紫蘇油…10ml

把所有材料放入罐子中，
搖至乳化均勻即可。

Note 雀兒料理筆記

- 教大家如何辨認藜麥是否煮熟的小技巧，若藜麥已冒出白色的小芽即代表蒸熟。

- 以紫蘇油取代傳統的橄欖油，可攝取豐富的 Omega-3，不但可潤腸通便，還可穩定血糖並維持飽足感。

⧜ 作法

1　南瓜洗淨後去籽切成塊狀，電鍋外鍋放入兩杯水，按下開關，待開關跳起，確認皮已熟軟即可。

2　藜麥與水以1：1的方式，放入電鍋蒸約10～15分鐘蒸熟；蘑菇放入滾水中燙熟，備用。

3　萵苣、蘿蔓洗淨，萵苣切絲備用；小黃瓜切片、小番茄切半、半顆蘋果切成小塊，備用。

4　雞腿肉的水分先用紙巾完全吸乾，在雞腿肉較厚的部分畫上刀痕。

5　雞皮面朝下入平底鍋，蓋上鍋蓋再開火，轉中火煎4分鐘，聞到有香味即可翻面。

6　關火開蓋翻面，撒上鹽巴、黑胡椒調味，蓋上鍋蓋續煎3分鐘，完成後切成塊狀。

7　沙拉碗中放入萵苣、蘿蔓、小黃瓜、水煮蛋，再放上切塊南瓜、藜麥、蘑菇、小番茄與蘋果塊，最後放上切塊雞腿排，淋上黃金比例油醋醬，即可享用！

熱量	碳水化合物	脂肪	蛋白質
594 kcal	68 g	14 g	49 g

蔥燒鯛魚鮮蔬蛋炒飯便當

▨ 材料（2人份）

鯛魚⋯150g

甜椒丁⋯80g

毛豆⋯50g

鴻喜菇⋯50g

蛋⋯1顆

海鹽⋯適量

醃料

醬油⋯15ml

米酒⋯15ml

味醂⋯15ml

鹽巴、黑胡椒、
卡宴辣椒粉⋯適量

熟藜麥飯⋯1人份
（請參照 p.130 藜麥飯作法）

蔥段⋯3根

▨ 作法

1 將冷凍毛豆、甜椒丁放入滾水中，煮10分鐘。

2 鯛魚以醬油、米酒、味醂、鹽巴、黑胡椒、卡宴辣椒粉，醃漬約20分鐘。

3 將平底鍋加熱，不放油直接下鯛魚，再放入蔥段。煎至魚肉兩面呈金黃色熟透，盛起備用。

4 不洗鍋直接放入鴻喜菇與甜椒丁清炒至熟透，盛起備用。

5 作法 4 鍋中打入1顆蛋，撒上適量海鹽，微微拌炒，再倒入熟藜麥飯炒成蛋炒飯。

6 於便當盒盛入藜麥蛋炒飯，放上毛豆、甜椒丁，再放入鴻喜菇與鯛魚，美味的便當就完成了！

Note 雀兒料理筆記

米酒、味醂、醬油是台式調味料中最常使用的醃漬好幫手，熱量較低，且米酒可替鯛魚去除腥味，是製作減脂餐，想變化口味時的好選擇。

熱量	碳水化合物	脂肪	蛋白質
448kcal	59g	4g	44g

味噌鯛魚冬粉

░ 材料

鯛魚…150g

醃料
| 味醂…10ml
| 米酒…10ml
| 黑胡椒、卡宴辣椒粉…少許
| 醬油…10ml

冬粉…40g

大陸妹…100g

水煮蛋…1 粒

鴻喜菇…80g

蔥花、辣椒丁…少許

蜂蜜味噌醬

熱量	碳水化合物	脂肪	蛋白質
59kcal	12g	1g	2g

| 味噌…15g
| 蜂蜜…5g
| 醬油…5ml
| 水…10ml

將所有材料均勻混合，即完成。

░ 作法

1 鯛魚用味醂、米酒、黑胡椒、卡宴辣椒粉、醬油，醃漬約20分鐘。

2 將平底鍋加熱，不放油直接下鯛魚，煎至魚肉兩面呈金黃色熟透，盛起備用。

3 大陸妹洗淨與冬粉放入滾水中，煮約2～3分鐘，撈起備用。

4 將蛋放入滾水煮10分鐘，撈起放入冷水冷卻，剝殼備用。

5 碗內放入冬粉、大陸妹、水煮蛋剖半、鯛魚片，冬粉撒上蔥花與辣椒丁，最後淋上雀兒特調的蜂蜜味噌醬，即完成。

Note 雀兒料理筆記

味噌是發酵食品，含有豐富的大豆蛋白質和氨基酸，以及鐵鈣鋅及豐富的維生素 B 群，在酵素的作用之下，可讓人體更容易吸收，是減脂期相當百搭的低脂醬料。但因鈉含量偏高，要注意勿攝取過多。

熱量	碳水化合物	脂肪	蛋白質
528 kcal	**63** g	10 g	**48** g

辣味雞胸薑黃起司筆管麵

▨ 材料

雞胸肉…130g
（事前先用鹽水浸泡冷藏一晚）

筆管麵…60g

馬茲瑞拉起司…20g

紅、黃甜椒（切絲）…50g

大蒜末…少許

洋蔥丁…50g

低脂牛奶…80g

海鹽、黑胡椒…5g

薑黃粉…5g

檸檬汁…半顆

椰子油…5g

▨ 作法

1 起一湯鍋，待水煮滾放入少許鹽巴，倒入筆管麵，按照包裝上的時間煮熟，用篩網將義大利麵瀝乾水分，備用。

2 起油鍋，放入5g椰子油和蒜末、洋蔥丁炒香，放入雞胸肉煎至兩面呈金黃，再放入紅、黃甜椒絲拌炒至微焦香。

3 在作法 2 雞胸肉未熟透前，倒入牛奶、海鹽、黑胡椒與薑黃粉，煮至滾後，轉小火燜煮10分鐘。

4 作法 3 倒入筆管麵，放入馬茲瑞拉起司拌炒約5分鐘，起鍋盛盤，最後擠上檸檬汁，完成！

Note 雀兒料理筆記

薑黃是可抗氧化及提升免疫力的優良食材，還能促進代謝，配合黑胡椒中的胡椒鹼能幫助薑黃吸收。這道帶有墨西哥法士達風味的料理，用低脂牛奶製作出奶香口味的筆管麵，即使是減脂期也能安心享用。

熱量	碳水化合物	脂肪	蛋白質
528kcal	67g	9g	56g

味噌雞胸藜麥飯便當

材料

雞胸肉…200g

紅、黃甜椒…50g

花椰菜…100g

小黃瓜…20g

蒜末…少許

海鹽、黑胡椒…適量

熟藜麥飯…1 人份
（請參照 p.130 藜麥飯作法）

椰子油…5g

味噌醬

熱量	碳水化合物	脂肪	蛋白質
71kcal	13g	1g	2g

味噌…15g

米酒…10ml

味醂…15ml

0 卡甜菊液…2 ～ 3 滴

卡宴辣椒粉…適量

將所有材料均勻混合，即完成。

作法

1　雞胸肉切成塊狀，用鹽巴抓醃，靜置約15分鐘。

2　起油鍋，放入5g 椰子油，放入蒜末再放入雞胸肉，一面用大火煎1分鐘，翻面關小火煎10分鐘。

3　花椰菜洗淨、連同紅、黃甜椒絲以滾水煮5分鐘，撈起備用。

4　便當盒盛入藜麥飯，放上雞胸肉與小黃瓜片，再淋上味噌醬，最後放上花椰菜與甜椒丁，再撒上海鹽與黑糊椒，即完成。

note 雀兒料理筆記

料理中的蔬菜與肉類幾乎沒有多餘的調味，可品嚐到食物的原味，僅用特調味噌醬即可讓減脂期便當更加美味且有變化。是既簡單又適合忙碌上班族的備餐便當。

熱量	碳水化合物	脂肪	蛋白質
488kcal	**62**g	16g	24g

烤起司半熟蛋吐司

▨ 材料

吐司…2 片

馬茲瑞拉起司…20g

低脂起司…1 片

蛋…1 顆

雪蓮果糖漿…10ml

蒜鹽、黑胡椒…適量

▨ 作法

1 在 2 片吐司中，夾入 20g 的馬茲瑞拉起司與低脂起司 1 片。

2 將作法 1 放入熱壓吐司機，烤至金黃酥脆。

3 不沾鍋熱鍋，打入 1 顆蛋，鍋邊放入一點水，待蛋白熟透、蛋黃半熟時盛起。

4 將吐司盛盤切半重疊，最上方放上半熟蛋，撒上蒜鹽與黑胡椒，再淋上一點雪蓮果糖漿即完成！

Note 雀兒料理筆記

雪蓮果糖漿是低 GI 的糖漿，吃起來類似蜂蜜或楓糖漿的口感，這道料理用低脂起司取代以往大量的馬茲瑞拉起司，大幅降低料理的熱量，是減脂期也能享用的美味熱壓三明治。

熱量	碳水化合物	脂肪	蛋白質
484kcal	**48**g	17g	33g

藜麥青檸雞腿米漢堡

材料

雞腿排⋯150g

美生菜⋯20g

紫洋蔥⋯20g

牛番茄⋯10g

熟藜麥飯⋯1人份
(請參照 p.130 藜麥飯作法)

檸檬汁⋯少許

黑胡椒粉、海鹽⋯適量

0卡甜菊黃芥末醬⋯適量
(黃芥末醬＋0卡甜菊液混合均勻)

作法

1 紫洋蔥切絲、泡冰水至半透明,可去除辛辣味。

2 米漢堡模具中(沒有的話,可以拿一個有深度的圓形器皿),先鋪上一張保鮮膜並貼緊於模具中,挖一匙藜麥飯放入器皿中,確實壓緊後用保鮮膜包覆住米漢堡,放置在旁邊讓米漢堡定型一下。

3 雞腿排用海鹽和黑胡椒搓揉後,平底鍋熱鍋後,將雞腿排帶皮面向下放入鍋內,開中小火乾煎。

4 作法3約煎6分鐘後,鍋子裡會充滿油水,翻面再煎6分鐘,確定全熟再盛盤,擠上少許檸檬汁,再撒些黑胡椒粉與海鹽調味即可。

5 兩片米漢堡一面都先抹上0卡甜菊黃芥末醬,再放上美生菜、紫洋蔥、牛番茄片,最後放上雞腿排,疊上米漢堡,即完成!

Note 雀兒料理筆記

藜麥飯的創意作法,製作米漢堡時,放入鍋中乾煎至呈現金黃色,可讓米漢堡定型較不容易散掉。自己手作的米漢堡,熱量比連鎖速食店低很多,沒有添加過多的調味料,且更具有飽足感。

熱量	碳水化合物	脂肪	蛋白質
514 kcal	57 g	17 g	36 g

夏日清爽綜合豆墨西哥捲餅

▨ 材料

雞胸肉⋯100g

罐頭番茄醬⋯30g

熟紅腰豆與鷹嘴豆⋯50g

玉米粒⋯20g

酪梨⋯30g

檸檬汁⋯少許

黑胡椒、海鹽⋯⋯少許

墨西哥餅皮⋯1 片

洋蔥⋯30g

番茄丁⋯40g

香菜末⋯5g

大蒜末⋯3 瓣

紫高麗菜（切絲）⋯30g

特製醬料 攪拌均勻成醬料

堅果醬⋯1 大匙

蒜鹽⋯少許

檸檬汁⋯半顆

碎孜然⋯3/4 小匙

洋蔥粉⋯1/2 小匙

煙燻辣椒粉⋯1/3 小匙

海鹽和黑胡椒粉⋯適量

▨ 作法

1 雞胸肉放入煮滾的鹽水中，煮約10分鐘，取出放涼切片備用。

2 碗中放入酪梨肉、檸檬汁、黑胡椒與海鹽，壓成酪梨泥。

3 放入洋蔥丁、番茄丁、香菜末、大蒜末，攪拌均勻。

4 另一個碗中放入30g 罐頭番茄醬，紅腰豆、鷹嘴豆共50g、玉米粒20g 攪拌均勻，備用。

5 將平底鍋加熱，放入墨西哥餅皮，兩面各烙烤約2分鐘，取出備用。

6 於作法 4 放上雞胸肉、2 酪梨泥、4 綜合豆及玉米粒，再淋上特製醬料，捲起來切半，即可食用！

Note 雀兒料理筆記

滿滿的異國味，特調堅果醬可用花生醬或杏仁醬替換，如果是吃素的人，可將雞胸肉以天貝取代，就能開心享用這道富含營養與蛋白質的美味墨西哥捲餅！

熱量	碳水化合物	脂肪	蛋白質
513kcal	62.5g	15g	37g

蝦仁毛豆藜麥蛋炒飯

材料

蛋…1 顆

蝦仁…100g

毛豆…100g

甜椒丁…20g

海鹽、黑胡椒…適量

熟藜麥飯…1 人份
（請參照 p.130 藜麥飯作法）

醬油…1 大匙

蒜末…適量

椰子油…5g

作法

1　將蛋打入碗中，攪拌均勻成蛋液，備用。

2　熱油鍋，放入5g 椰子油與蒜末炒香，放入蛋液炒成炒蛋後，再放入隔夜藜麥飯炒鬆。

3　作法 2 放入蝦仁翻炒，再放入毛豆、甜椒丁及海鹽，繼續翻炒。

4　作法 3 起鍋前，加點醬油嗆鍋炒香，即完成。

Note 雀兒料理筆記

海鮮的熱量都很低，如果沒有時間去傳統市場購買的話，建議大家可直接購買好市多的去尾冷凍蝦仁，是減脂期很方便攝取的蛋白質來源。藜麥飯建議冷藏不超過一晚，避免水分流失、口感過乾。

熱量	碳水化合物	脂肪	蛋白質
615kcal	69g	29g	28g

蛋白質佛陀碗

▩ 材料

鷹嘴豆…50g

藜麥…20g

南瓜…150g

板豆腐瀝乾…150g

紫高麗菜…60g

小番茄…50g

酪梨…50g

綠葉蔬菜或蘿蔓…100g

胡蘿蔔絲…25g

醬油…少許

薑黃粉…少許

黑胡椒、海鹽…少許

醃泡醬料

紅酒醋…10ml

紫蘇油…10g

蜂蜜…5g

檸檬汁…半顆

鹽、卡宴辣椒粉、蒜粉…3g

大蒜末…2 瓣

▩ 作法

1 取一湯鍋將水煮滾，放入藜麥煮熟，用篩網撈起，瀝乾乾備用。

2 作法 1 的鍋子再放入鷹嘴豆，燙約 3 分鐘撈起，備用。

3 南瓜洗淨，切成塊狀放入電鍋蒸熟。

4 平底鍋加熱，放入板豆腐加入一點醬油、薑黃粉、黑胡椒、海鹽，稍微拌炒至可聞到香味，起鍋備用。

5 碗中放入鷹嘴豆、小番茄、作法 3 的切塊南瓜，再放入醃泡醬料，攪拌均勻後靜置 15 分鐘。

6 紫高麗菜切絲、酪梨切成小塊狀、胡蘿蔔刨成絲，備用。

7 取一個大碗，放入綠葉蔬菜與紫高麗菜拌勻，放入醃漬好的鷹嘴豆、豆腐與小番茄，接著放上切片酪梨、 紅蘿蔔絲、藜麥，最後倒入醃泡醬料，即可享用。

Note 雀兒料理筆記

這道全素的料理含豐富的營養，用鷹嘴豆、板豆腐取代動物性蛋白質，使用富含 Omega3 紫蘇油作為基底醬料，還有抗氧化的香料與維生素 C 的檸檬汁，吃起來清爽但風味層次飽滿。這道料理適合吃膩動物性蛋白質或是全素者，減輕負擔的同時為身體注入營養與能量！吃完身體會非常的舒服～請細嚼慢嚥地好好享用這道逆齡料理！

熱量	碳水化合物	脂肪	蛋白質
553kcal	72g	13g	39g

鷹嘴豆起司焗飯

材料

雞腿排…100g

鷹嘴豆…80g

熟藜麥飯…1 人份
（請參照 p.130 藜麥飯作法）

花椰菜…50g

低脂起司…1 片

作法

1 將煮好的藜麥飯拌入熟鷹嘴豆中，備用。

2 將平底鍋加熱，將雞腿排帶皮面向下放入鍋內，開中小火乾煎。約6分鐘後翻面，煎至全熟，起鍋備用。

3 作法 1 放上切塊的煎雞腿排和煮好的花椰菜，鋪上低脂起司片，放入烤箱180℃烤約20分鐘，直到起司融化呈金黃色，即完成。

Note 雀兒料理筆記

以低脂起司取代傳統焗烤的高熱量起司，減脂期也能安心吃美味的焗烤飯。這道料理因減少了米飯類的攝取，碳水較低，所以改用豐富的蔬菜、豆類與雞腿肉來提升飽足感。

熱量	碳水化合物	脂肪	蛋白質
561kcal	58g	18g	43g

嫩煎雞肉菇菇炊飯

▨ 材料

白米⋯60g

毛豆⋯50g

蘑菇⋯80g

花椰菜⋯50g

雞腿肉⋯150g

海鹽⋯適量

▨ 作法

1　將白米洗淨後放入電鍋中,再放入毛豆、蘑菇片、花椰菜、適量海鹽,混合拌勻後,倒入水,米和水比例 1:1.5。

2　作法 1 蓋上鍋蓋後,按下開關,待跳起來後,使用飯匙輕輕的上下拌勻,讓蒸氣散出。

3　將平底鍋加熱,將雞腿排帶皮面向下放入鍋內,開中小火乾煎。約 6 分鐘後翻面,煎至全熟,起鍋備用。

4　作法 2 盛盤,鋪上嫩煎雞腿排切塊,即可享用!

Note 雀兒料理筆記

菇菇炊飯是一鍋到底的懶人料理,可搭配各種不同的主食做變化,如低脂的海鮮和白肉,或口感不易軟爛的耐煮蔬菜。

熱量	碳水化合物	脂肪	蛋白質
538 kcal	67 g	11 g	46 g

低脂健康奶香蝦仁義大利麵

材料

義大利麵⋯60g

火腿⋯1 片

蘆筍⋯5～6 根

蘑菇⋯4 朵切片

蝦子⋯100g

低脂牛奶⋯200ml

海鹽、黑胡椒、卡宴辣椒粉⋯適量

檸檬汁⋯半顆

香菜⋯少許

橄欖油⋯5g

蒜末⋯少許

作法

1 起一湯鍋，待水煮滾放入少許鹽巴，倒入義大利麵，按照包裝上的時間煮熟，用篩網將義大利麵瀝乾水分，備用。

2 起油鍋，倒入 5g 橄欖油，加入蒜末，放入火腿丁炒香，倒入牛奶後，再放入切段蘆筍與切片蘑菇。

3 待作法 2 煮滾後，放入蝦子翻炒一下，再放入作法 1 的義大利麵。

4 最後撒上海鹽、黑胡椒、卡宴辣椒粉調味，起鍋前擠上檸檬汁，盛盤、放上香菜點綴即完成！

Note 雀兒料理筆記

以低脂牛奶取代鮮奶油，節省許多熱量，但仍能享受充滿奶香味的白醬義大利麵。義大利麵的熱量容易過高，因此料理時要特別留意，記得多使用其他低脂食材。義大利麵為全穀類製品，升糖指數相較白米與白麵要低，所以是減脂期滿推薦的碳水來源之一。

熱量	碳水化合物	脂肪	蛋白質
539 kcal	**55**g	**16**g	**43**g

三色免捏飯糰便當

材料

豬里肌肉…100g

蛋…3顆（1顆全蛋、2顆蛋白）

蘆筍…50g

紅蘿蔔絲…10g

小黃瓜絲…10g

紫高麗菜絲…10g

生米…60g

海鹽、黑胡椒、迷迭香…少許

蒜鹽…少許

小番茄、生菜…少許

作法

1　蘆筍放入滾水中汆燙，切段；紅蘿蔔、紫高麗菜、小黃瓜，削成絲狀以冰水冰鎮，備用。

2　豬里肌肉用肉槌平均敲成薄片，撒上海鹽、黑胡椒，放入鍋中乾煎，煎到雙面呈金黃色，即可盛盤備用。

3　於碗中打入1顆蛋＋2顆蛋白的蛋液，加入一點蒜鹽，倒入平底鍋，煎成厚蛋包；將米放入電鍋中蒸熟、放涼備用。

4　將作法2的豬里肌切成長型4薄片，1片捲起蘆筍數根，用竹籤固定；另外3片捲起切成3等份的厚蛋，用竹籤固定。

5　鋪上一張保鮮膜，放上紅蘿蔔絲鋪底，手沾點水，挖起白飯放到保鮮膜上，用保鮮膜將紅蘿蔔絲和白飯包起來，用手塑形呈圓形後，用橡皮筋固定，放置約20分鐘固定後再解開。

6　剩下的小黃瓜飯糰與紫高麗菜飯糰同作法5。完成後，把所有食材放到便當盒中，用小番茄和生菜點綴，即完成。

Note 雀兒料理筆記

減重期間，最重要是能夠持之以恆，所以在菜色的變化與發想上可以花一點小巧思，加上天然食材點綴，更能促進食慾。除了常見的基本便當款與三明治外，免捏飯糰製作容易，方便攜帶，最大的優點是冷食也沒問題，對沒有加熱工具的上班族來說相當方便。

（2人份）

熱量	碳水化合物	膳纖	蛋白質
1033 kcal	137 g	15 g	88 g

鮪魚沙拉 & 照燒雞肉握便當

▨ 材料

雞胸肉…200g

醃料

| 醬油…1 大匙
| 米酒…1 大匙
| 味醂…1 大匙
| 蜂蜜…1 小匙

特製鮪魚沙拉…1 人份
（參考 p.101 鮪魚沙拉水煮蛋三明治）

小黃瓜…20g

紅蘿蔔絲…30g

萵苣…30g

水煮蛋…1 顆

小番茄…10 顆

生米…120g

海苔…2 大張

優格美乃滋醬

| 無糖優格…1 匙
| 檸檬汁…少許
| 黑胡椒…少許
| 0 卡甜菊液…3 ～ 4 滴

▨ 作法

1 雞胸肉用醃料醃漬一晚，冷藏後取出備用；將米放入電鍋蒸熟、放涼備用。

2 將平底鍋加熱，雞胸肉放入鍋中，一面以大火煎1分鐘，翻面轉小火煎10分鐘，完成後放涼切片備用。

3 鋪上一張保鮮膜，放上一張海苔，放上約1/4的熟米飯。

4 放上作法2的照燒雞胸肉、小黃瓜絲與紅蘿蔔絲，淋上1匙優格美乃滋醬再放上1/4的飯。接下來將海苔四個角朝內折，確認海苔密合，再將保鮮膜緊緊包起來。

5 另取一張保鮮膜，放上一張海苔，鋪上1/4的飯再放上1人份鮪魚沙拉，放上小黃瓜絲與紅蘿蔔絲，再放1/4的飯。包的方式同作法4。

6 剛捏完的海苔片是乾燥的，也還沒定型，不要太早切開。待飯糰摸起來有點濕度，就可以切開。預防米飯黏在刀子上，先將刀子沾點水後，連保鮮膜一起切開即可。

𝒩𝑜𝑡𝑒 雀兒料理筆記

照燒口味的雞肉料理相當受歡迎，微甜的滋味是女孩們的最愛。使用雞胸肉取代雞腿肉，讓整體熱量下降，可以享受美味也不會有負擔。而搭配的鮪魚沙拉，比市售的鮪魚沙拉更好吃，因為基底醬是優格，不但可增加蛋白質攝取，好菌也能幫助消化。

（1人份）

熱量	碳水化合物	脂肪	蛋白質
449kcal	**65**g	**4**g	**35**g

蒲燒鯛魚便當

材料（2人份）

鯛魚片…300g

醃料
- 米酒…1大匙
- 鹽…少許
- 白胡椒粉…少許

豆苗…20g

熟白芝麻（可省略）…少許

生米…120g

蒲燒醬汁
- 醬油…3大匙
- 米酒…3大匙
- 味醂…2大匙
- 醬油膏…1大匙
- 糖…1大匙
- 水…1大匙

作法

1　將鯛魚洗淨放置在醃料中，醃製約20分鐘；將米放入電鍋蒸熟、放涼備用。

2　將蒲燒醬汁材料放入碗中，混合均勻，備用。

3　將作法 2 蒲燒醬汁放入鍋中煮滾，轉中小火後，將鯛魚片放入。

4　在煮的過程中，用湯匙慢慢淋醬上色，保持魚肉完整，煮約30分鐘左右，直到醬汁變濃稠、收汁。

5　把作法 4 的鯛魚盛放在白飯上，放上洗淨的豆苗，再淋上剩餘醬汁，撒上白芝麻，即完成。

Note 雀兒料理筆記

- 外面餐廳的鰻魚飯大約熱量落在 7 ～ 800kcal，雀兒自製鯛魚飯熱量控制在 500kcal 以內，嘴饞想吃蒲燒鰻魚飯時，可改以蒲燒鯛魚飯來替代，享受美食又不怕胖。

- 鯛魚是魚類中充滿營養成分的食材之一，具有低脂肪、高蛋白，100g 的熱量不到 100kcal，經濟又實惠，在料理上的變化也相當豐富。重點在調配的醬汁，有特別精選過並控制熱量。

熱量	碳水化合物	脂肪	蛋白質
574kcal	**57**g	**16**g	**45**g

雞腿排綠花椰毛豆便當

▨ 材料

雞腿排…150g

花椰菜…80g

毛豆…50g

豆苗…30g

生米…60g

海鹽、黑胡椒、
卡宴辣椒粉…少許

白芝麻…少許

▨ 作法

1 用廚房紙巾將雞腿排水分吸乾，備用；將米放入電鍋蒸熟，備用。

2 平底鍋加熱，將雞腿排帶皮面向下放入鍋內，開中小火乾煎。約6分鐘後翻面，煎至全熟，起鍋備用。

3 將作法 2 的雞腿排切塊，撒上辣椒粉和白芝麻，盛放在白飯上，再加入燙熟的花椰菜、毛豆與豆苗，並撒上一點海鹽，即完成。

Note 雀兒料理筆記

- 這道料理的製作方式相當簡單，煎雞腿排時不須另外加油，使用雞腿排本身的油脂，就能煎出外皮酥脆、肉質軟嫩美味的雞腿排。
- 搭配簡單調味的綠色蔬菜，雖然整道料理都是原型食物，因為雞腿排的搭配讓大幅提升了味蕾的滿足感，讓料理新手也能輕鬆做出美味的減脂餐。

學員們的減脂計劃真實心得分享

BEFORE
開始時間
2018 / 07 / 17
體脂
29.8%

AFTER
結束時間
2018 / 10 / 30
體脂
25%

▨ 宇涵

學員們想說

高中開始長期熬夜趕作業，加上壓力大就愛吃麵包甜點，後來罹患多囊性卵巢症候群胖了 13 公斤。曾試過節食、代餐等各種方式減重，但婦科問題並沒有好轉，只要免疫力下降就導致復胖，經期從來沒有準時過、氣色又很差。也試過去健身房運動，不過都沒有太大效果。後來成為雀兒的學員，在她的指導下，透過均衡營養與飲食，在半年的時間，除了健康減重，婦科問題也漸漸好轉，經期也開始準時了！不只變瘦，也學到均衡營養的飲食，才是健康的關鍵！

▨ Sarah

學員們想說

在決定開始減肥之前，是一個小吃貨，沒有吃好吃的東西就會受不了。但某天突然感到頭一陣劇烈疼痛，經檢查過後，發現血壓偏高是造成頭痛的主因。雖然跟飲食、體重沒有直接關聯，但若能降低體重或體脂，當然對身體有益。後來認真的報名了雀兒的減脂計劃後，學習到許多健康飲食的相關知識，也開始認真實行減脂飲食。在自己的堅持下，我的健齡也達到一年多了，即使現在出國念書了，也仍在持續運動中。現在更了解如何養成易瘦體質和健康地吃，當這些習慣成為生活的一部分後，你將會一直持續執行並愛上它。

BEFORE
開始時間
2019 / 02 / 10
體脂
33.2%

AFTER
結束時間
2020 / 03 / 10
體脂
25.4%

BEFORE
開始時間
2019 / 03 / 07
體脂
33.3%

AFTER
結束時間
2019 / 05 / 21
體脂
26.9%

儀萍

學員們想說

因為就讀影視相關科系的緣故,常常會三餐不定且睡眠不足,曾經一週只睡了5個小時,導致自己在片場昏倒,被醫生告知荷爾蒙嚴重失調,必須需要好好調整。也因此花了好長一段時間休養,讓我意識到如果沒有健康,就什麼也做不成的無力感!遇到雀兒之後,開始嘗試調整飲食,不再為了減脂而減脂,減重也不是考試,不需要每次都要求滿分。每個人的身體狀況都不同,先學會瞭解自己身體需要什麼,給予適合的規劃,絕對不要盲目跟從,找出最適合自己的方式,才能永久持續下去。

嘉慧

學員們想說

我本身是一位輪值三班的護理人員,因為工作導致生活習慣及飲食狀態非常不穩定,最胖曾經胖到70公斤,看著鏡中的自己都覺得不可思議,一位22歲正值青春的女生,卻讓自己變得如此不健康。我在網路上接觸了雀兒的減脂計劃,雀兒試著先調整我的健康狀況,再調整我的體重。剛開始,並沒有很明顯的成效,但在雀兒的鼓勵跟陪伴,讓我堅持了下來,放下了對數字的執著。最後在努力不懈的狀況下,才有現在這樣的成績。在減脂的計劃當中,我真正學習到,改變是從生活做起,鼓勵大家正視自己的健康狀況,從生活及飲食建立正確快樂的習慣,才能跳脫不良飲食的惡性循環。

BEFORE
開始時間
2019 / 09 / 04
體脂
38%

AFTER
結束時間
2020 / 01 / 04
體脂
33%

減脂力！21天有感快瘦計劃

53道懶人也不怕的美味低卡料理Ⅹ超實用外食攻略

作　　者｜姜喜婷 Chelsea chiang
攝　　影｜璞真奕睿
發 行 人｜林隆奮 Frank Lin
社　　長｜蘇國林 Green Su

出版團隊
總 編 輯｜葉怡慧 Carol Yeh
企劃編輯｜楊玲宜 ErinYang
責任行銷｜黃怡婷 Rabbit Huang
封面裝幀｜張克 Craig Chang
版面設計｜黃靖芳 Jing Huang

行銷統籌
業務處長｜吳宗庭 Tim Wu
業務主任｜蘇倍生 Benson Su
業務專員｜鍾依娟 Irina Chung
業務秘書｜陳曉琪 Angel Chen
　　　　　莊皓雯 Gia Chuang
行銷主任｜朱韻淑 Vina Ju

發行公司｜精誠資訊股份有限公司 悅知文化
　　　　　105台北市松山區復興北路99號12樓
訂購專線｜(02) 2719-8811
訂購傳真｜(02) 2719-7980
悅知網址｜http://www.delightpress.com.tw
客服信箱｜cs@delightpress.com.tw
ISBN：978-986-510-078-0
建議售價｜新台幣380元
初版一刷｜2020年07月

國家圖書館出版品預行編目資料

減脂力！21天有感快瘦計劃：53道懶人也
不怕的美味低卡料理Ⅹ超實用外食攻略／
姜喜婷著. -- 初版. -- 臺北市：精誠資訊，
2020.07
　面；　公分
ISBN 978-986-510-078-0 (平裝)
1. 食譜 2. 健康飲食 3. 減重

427.1　　　　　　　　　　　109007846

建議分類｜生活風格・烹飪食譜

線上讀者問卷

閱讀時眼睛舒服嗎？拿久了會覺得手痠嗎？

茫茫書海中，你能與這本書相遇，絕非偶然。

想知道你喜歡哪些內容？

小小聲問，喜歡這本書的包裝與封面設計嗎？（我們很喜歡）

悅知夥伴們有好多個為什麼，
想請購買這本書的您來解答，
以提供我們關於閱讀的寶貴建議。

請拿出手機掃描以下 QRcode
或輸入以下網址，即可連結至本書讀者問卷

https://bit.ly/3cUI7vW

填寫完成後，按下「提交」送出表單，
我們就會收到您所填寫的內容，
謝謝撥空分享，
期待在下本書與您相遇。

想要健康的飲食但又不想在口味上妥協嗎?
市面上少有的蛋白質與碳水化合物早餐麥片組合就

All Natural
Protein Cereals
32%蛋白質麥片

特製大顆粒蛋白質脆片
32g蛋白質/每100g
18g膳食纖維/每100g

無論是健身愛好者還是專業運動員,
Harry P 30%蛋白質巧克力麥片都將助您一臂之力!

All Natural
Protein Cereals
30%蛋白質麥片

特製小顆粒蛋白質脆片
30g蛋白質/每100g
5g BCAA/每100g

多種水果堅果添加
無人工香料或色素
純水果甜味無額外加糖

All Natural
Fruity Müsli
全天然麥片

請掃描QR Code獲取完整訊息

風靡歐美跟日本的超級食物『巴西莓』
花青素 膳食纖維 Omega6,9

近幾年全球開始掀起一陣健身潮，也因此愈來愈多人開始重視自身吃下去的食材。

什麼是巴西莓？為什麼這麼多愛好健康、營養的人這麼愛它呢？首先來介紹巴西莓是什麼。巴西莓（Açai Berry）原產於巴西亞馬遜河流域，為了抵抗強烈的日光及嚴苛的生長環境，將大量的營養成分緊緊鎖在果實中。除了代表性的花青素、膳食纖維、Omega6,9以外，又含有豐富的維他命、鈣、鐵等豐富營養素，因此又稱作「奇蹟之果」，也被醫學界認定為「地球上最健康的水果」。

Tropical Bite的宗旨就是跟大家分享健康的生活方式，我們不只要吃得健康也要吃得開心。我們嚴格把關確保每一位

消費者手上拿到的都是高品質的巴西進口原產100%純冷凍乾燥巴西莓粉。平時無論是喝果汁、吃優格都只要加入一湯匙Tropical Bite的冷凍乾燥巴西莓粉，就可以補足一天所需的營養素！趕快來跟我們一起加入健康行列吧！